高等职业院校前沿技术专业特色教材

U0181393

移动机器人
编程与装调

◎ 林佳鹏 张富建　　主　编

　　谢志坚 林志灿 易军吕　副主编

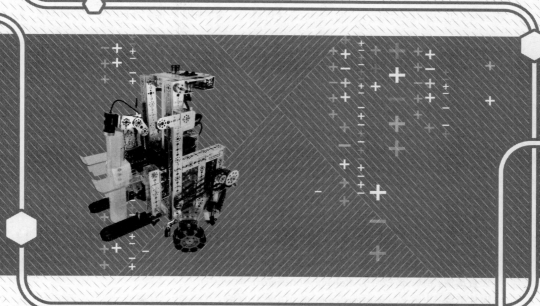

清華大学出版社

北京

内 容 简 介

本书紧密围绕国家职业标准并紧贴世界技能大赛移动机器人项目,基于该项目中国国家队参赛机型,按"机器人"(工业机器人、移动机器人和服务机器人)的专业教学计划,以职业院校机电一体化、人工智能、机器人类专业为基础,结合校企合作、竞赛技术转化,介绍机器人结构及装配、编程及控制,移动机器人手动控制、机器视觉、故障排除等,循序渐进引导读者进行学习。

本书既是一本理论教材,又与实操相互契合,可作为机器人、测控、人工智能、自动控制、机电一体化等相关专业的教材,也可作为移动机器人技能大赛指导用书,还可作为广大科技人员、教育工作者的参考用书。

本书封面贴有清华大学出版社防伪标签,无标签者不得销售。

版权所有,侵权必究。举报:010-62782989,beiqinquan@tup.tsinghua.edu.cn。

图书在版编目(CIP)数据

移动机器人编程与装调/林佳鹏,张富建主编.—北京:清华大学出版社,2021.12
高等职业院校前沿技术专业特色教材
ISBN 978-7-302-58973-0

Ⅰ.①移… Ⅱ.①林… ②张… Ⅲ.①移动式机器人—高等职业教育—教材 Ⅳ.①TP242

中国版本图书馆 CIP 数据核字(2021)第 173205 号

责任编辑:张 弛
封面设计:刘 键
责任校对:李 梅
责任印制:宋 林

出版发行:清华大学出版社
   网 址:http://www.tup.com.cn,http://www.wqbook.com
   地 址:北京清华大学学研大厦 A 座   邮 编:100084
   社 总 机:010-83470000   邮 购:010-62786544
   投稿与读者服务:010-62776969,c-service@tup.tsinghua.edu.cn
   质量反馈:010-62772015,zhiliang@tup.tsinghua.edu.cn
   课件下载:http://www.tup.com.cn,010-83470410
印 装 者:三河市龙大印装有限公司
经 销:全国新华书店
开 本:185mm×260mm 印 张:11.5   字 数:279 千字
版 次:2022 年 2 月第 1 版   印 次:2022 年 2 月第 1 次印刷
定 价:49.00 元

产品编号:089774-01

　　随着我国工业智能化的发展，工业企业的个性化需求增加，机器人领域的人才需求，特别是高端人才的需求也随之剧增。然而，目前国内的机器人教学尚未成熟，缺乏项目经验丰富的教师，现有的教材也仅限于理论阐述，或只重视软件操作示范，不重视设计理念传授等。这些问题使得机器人编程领域的门槛较高。针对这些问题，笔者基于多年的移动机器人项目开发经验，编写这本通俗易懂，适合实操的"技术指南"。

　　本书紧贴世界技能大赛移动机器人项目及竞赛成果转化，介绍了与竞赛同款的机器人的结构及装配、编程及控制、移动机器人手动控制、机器视觉等内容，最后介绍了常见故障排除。

　　由于篇幅有限，本书在章节具体内容的处理上，以必需和够用为原则，内容做了必要的精简，以理论为引导，围绕实践展开，删繁就简。对于复杂的电路、结构、安装图等，文中配有二维码，可扫描浏览高清图。针对目前职业类院校学生的基础情况和学习特点，本书打破了原来系统性、完整性的教学框架，实习依据理论来设置，着重培养学生实践动手能力及解决问题的能力，理论知识和实验内容紧密结合当前的生产实际，及时将新技术、新工艺、新方法纳入本书，将目前企业的实用知识编入本书，为学生今后就业及适应岗位打下扎实的基础。

　　在本书的编写和审定过程中，第 45 届世界技能大赛移动机器人金牌得主胡耿军、第 45 届世界技能大赛移动机器人铜牌得主梁灶容以及广州市机电技师学院熊邦宏、唐镇城等教师提出了许多宝贵意见并给予了指导和帮助，在此对各位的大力支持一并致谢！

　　由于本书涉及内容较多，并且新技术、新装备发展较迅速，加之编者水平有限，书中缺漏和不足之处在所难免，恳请广大读者对本书提出宝贵意见和建议，以便修订时补充更正。

编　者

2021 年 9 月

目 录

3.2.4 知识点讲解…… 116
3.2.5 过程讲解…… 117
3.3 循线传感器的应用 …… 118
3.3.1 学习目标…… 118
3.3.2 学习任务…… 118
3.3.3 知识链接…… 118
3.3.4 知识点讲解…… 118
3.3.5 过程讲解…… 118

第4章 移动机器人手动控制…… 121

4.1 移动机器人遥控数据的处理 …… 121
4.1.1 学习目标…… 121
4.1.2 学习任务…… 121
4.1.3 知识链接…… 121
4.1.4 知识点讲解…… 122
4.1.5 过程讲解…… 124
4.2 移动机器人遥控模式下的基础运动 …… 126
4.2.1 学习目标…… 126
4.2.2 学习任务…… 126
4.2.3 知识链接…… 126
4.2.4 知识点讲解…… 127
4.2.5 过程讲解…… 127
4.3 移动机器人遥控模式下抓放高尔夫球 …… 129
4.3.1 学习目标…… 129
4.3.2 学习任务…… 129
4.3.3 知识链接…… 129
4.3.4 过程讲解…… 129

第5章 机器视觉…… 131

5.1 识别球色的方法 …… 131
5.1.1 学习目标…… 131
5.1.2 学习任务…… 131
5.1.3 知识链接…… 132
5.1.4 知识点讲解…… 132
5.1.5 过程讲解…… 136
5.1.6 知识拓展…… 143
5.2 识别花色球的面积 …… 145
5.2.1 学习目标…… 145
5.2.2 学习任务…… 145

第 1 章

移动机器人概论

随着科学技术的发展,机器人技术日益成熟,充分体现了人类的聪明智慧,机器人技术是未来的发展趋势。本章主要对移动机器人的定义、发展、分类进行简单介绍,帮助读者从整体概况上认识机器人;同时对移动机器人的应用、赛事和基本组成做一介绍;最后以第 45 届世界技能大赛移动机器人项目参赛机器人 KNIGHT-N 为例,讲解移动机器人的基本组成。

通过本章的学习,读者将会理解机器人的定义、发展、分类、应用,还可了解机器人赛事与移动机器人的组成。

1.1　机器人概述

1.1.1　机器人的定义

自"机器人"一词诞生开始,人们就一直尝试给这个词下一个完整而准确的定义。但机器人技术是不断发展的,其内涵越来越丰富,机器人的定义也在不断改变,所以机器人的定义是发展的,不是一成不变的。在此,本书列举目前广为人们接受的定义,而这些定义也会与时俱进,不断进行补充和完善。

美国机器人协会(RIA)对机器人的定义:机器人是一种可编程和多功能,用于搬运材料、零件、工具的操作机器,或是为了执行不同的任务,其动作可以改变和可编程的专门系统。

日本工业机器人协会(JIRA)对机器人的定义:工业机器人是一种装备有记忆装置和末端执行器(end effector)的、能够转动并通过自动完成各种移动来代替人类劳动的通用机器。

　　国际标准化组织(ISO)对机器人的定义：机器人是一种自动的、位置可控的、具有编程能力的多功能机械手，这种机械手有几个轴，能够借助可编程序操作处理各种材料、零件、工具和专用装置，以执行各种任务。

　　我国对机器人的定义：机器人是一种具有高度灵活性的自动化机器，可以取代或者协助人类工作。它既可以接受人类指挥，又可以运行预先编排的程序，也可以根据以人工智能技术制定的原则纲领行动。

1.1.2　机器人的发展

　　自古以来，人类就希望能有一种装置自动地替代人类工作。据专家考证，最早提出"自动人"(最原始的机器人)的是距今两千多年的希腊人赫伦。赫伦向阿基米德和欧几里得等当时的科学家学习，利用所学知识设计了各种各样由铅锤、滑车、车轮等构成的"自动人"，并且让这些"自动人"出色地完成了表演。

　　然而，这个表演距离公认的世界上第一台机器人的问世还有一段漫长的岁月。1959年，"机器人之父"约瑟夫·恩格尔伯格在充分利用德沃尔专利技术的基础上，研制出了世界上第一台真正意义上的工业机器人，取名为 Unimation(万能自动)。约瑟夫·恩格尔伯格和德沃尔认为，汽车制造过程比较固定，适合采用工业机器人进行作业，于是后来他们将世界上第一个真正意义上的工业机器人应用于汽车制造生产中。

　　机器人的发展历程可以分为 4 个阶段，如图 1-1 所示。

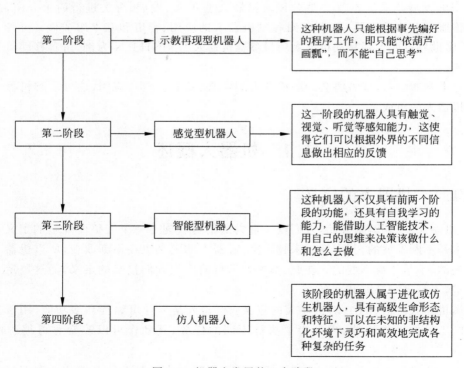

图 1-1　机器人发展的 4 个阶段

1.1.3 机器人的分类

从应用环境的角度出发,可以将机器人分为工业机器人和服务机器人两大类。

(1) 工业机器人是面向工业领域的多关节机械手或多自由度的机器装置。自从 1959 年美国研制出世界上第一台工业机器人以来,机器人技术及其产品一直不断发展,现已成为柔性制造系统(FMS)、自动化工厂(FA)、计算机集成制造系统(CIMS)的重要组成部分。工业机器人的典型应用包括焊接、喷漆、组装、采集、包装、码垛、运输、SMT 贴片、产品检测和测试等,都具有高效性、持久性、高速性和准确性。

(2) 服务机器人是用于非制造业且服务于人类的各种机器人。从机器人的功能特点方面来讲,服务机器人与工业机器人的一个本质区别在于,工业机器人的工作环境都是已知的,而服务机器人所面临的工作环境绝大多数都是未知的。

按照应用领域划分,服务机器人可分为个人/家用机器人和专业服务机器两大类。个人/家用机器人主要包括家政机器人、娱乐机器人、残障辅助机器人、巡逻机器人等;专业服务机器人主要包括场地机器人、专业清洁机器人、医用机器人、物流机器人、探测机器人、水下机器人以及国防、营救和安全应用机器人等。

服务机器人的应用范围非常广泛,主要从事清洁、娱乐、监护、安保、保养、运输、救援、探测等工作。1.2 节将会详细讲解移动机器人在各领域中的应用。

1.2 移动机器人应用

1.2.1 家政机器人

家政机器人是能够代替人完成家政服务工作的机器人,其中,当属扫地机器人的应用最为普及。扫地机器人是一种能对地面进行自动清洁的智能家用电器,一般采用扫刷和真空方式,将地面杂物吸纳进入自身的垃圾收纳盒,从而完成地面的清理。因为它可以对房间大小、家具摆放、地面清洁度等进行检测,并依靠内置的程序制定合理的清洁路线,具备一定的智能,所以称之为机器人。目前,扫地机器人的智能化程度并不如想象中那么先进,但它作为智能家居新概念的领跑者,已经成功地走进千家万户,占据着很大一部分服务机器人市场。

图 1-2 清扫机器人

除了常见的家用扫地机器人外,功能类似的公共场合的清扫机器人也在慢慢走向市场,如图 1-2 所示。未来家政机器人的发展方向将是更加高级的人工智能策略以及更多功能的集成,朝着"机器人管家"的方向演化,完美地为人类提供家政服务。

1.2.2 残障辅助机器人

残障辅助机器人即为帮助那些身体功能缺失或丧失行动能力的人实现独立生活的一类机器人,如行走辅助机器人、交流辅助机器人、沐浴辅助机器人等。

Human Support Robot 是丰田公司目前已经投入使用的一款护理机器人,如图 1-3 所示。Human Support Robot 高约 1.2m,头部配备微型计算机,还配备了各种摄像头和传感器,能够通过语音或者计算机进行控制。使用前,需要为 Human Support Robot 写入各种命令,如喝水、开门等,并在相应的物品上粘贴配套的二维码。设定完毕后,就可以通过语音或平板控制器让 Human Support Robot 自动识别物体,并通过可伸缩的折叠臂和柔软的机械手执行对应指令,如递送水杯。

Welwalk WW-1000 机器人为丰田旗下一款行走辅助机器人,如图 1-4 所示,主要用于帮助失去行动能力的老人或残障人士恢复步行能力。该机器人主要由监控器、走步机以及机械腿三部分组成。

图 1-3　护理机器人

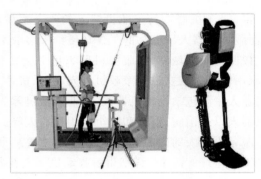

图 1-4　行走辅助机器人

1.2.3　物流机器人

物流机器人是指用于运输、储存、装卸、搬运、流通加工、配送、信息处理的机器人,包括无人车、无人机、配送机器人、仓储机器人等。另外,目前能实现室内导航、具备电梯操控等功能的室内配送机器人也比较热门。

配送机器人是智慧物流体系生态链中的终端,如图 1-5 所示,面对的配送场景非常复杂,需要应对各类路面、行人、交通工具及用户,进行及时、有效的决策,这需要配送机器人具备优秀的外界感知能力和自主决策的能力。

2017 年 6 月,京东配送机器人从人民大学的京东派出发,穿梭在校园的道路间,自主规避障碍和往来的车辆行人,将货物安全送达目的地,并通过 App 信息、手机短信等方式通知客户货物送达的消息。客户输入提货码打开配送机器人的货仓,即可取走自己的包裹。

图 1-5　配送机器人

1.2.4　导览机器人

导览机器人集合了语音识别技术和智能运动技术,通过完成一些服务类的动作和人机语音交互,为使用者提供导向指引服务,如图 1-6 所示。目前,该类机器人已经比较常见,如银行大堂、酒店大厅。除了比较简单的交互外,现在已经出现可以实现指路及跟随(通过人脸识别和导航进行指路)等功能的机器人,也有不少机器人可以完成酒店的导览和室内配送工作。另外,现在机器人送餐、跳舞助兴也成为很多餐厅吸引顾客的噱头。

图 1-6 导览机器人

1.2.5 特种机器人

特种机器人是指用于危险环境下,能够完成排爆、救援等工作的机器人。世界上许多国家尤其是发达国家都在研制军用机器人、排爆机器人和消防机器人等危险作业机器人,让机器人替代人类完成危险的工作,最大限度保证救援人员的安全。

排爆机器人是用于处置或销毁爆炸可疑物的专用机器人,可以避免排爆人员伤亡,如图 1-7 所示。排爆机器人可用于多种复杂地形排爆工作,一般用于代替排爆人员搬运、转移爆炸可疑物品及其他有害危险品;代替排爆人员使用爆炸物销毁器销毁炸弹;代替现场安检人员实地勘察,实时传输现场图像。

图 1-7 排爆机器人

1.3 机器人赛事

1.3.1 世界技能大赛移动机器人项目

举办机构:世界技能组织(World Skills International,WSI)。

参赛要求:世界技能大赛设置的项目众多,绝大多数项目要求参赛选手年龄在 22 岁以下。

赛事概况:世界技能大赛(World Skills Competition,WSC)是全球地位最高、规模最大、影响最广的职业技能竞赛,被誉为“世界技能奥林匹克”,其竞技水平代表了职业技能发展的世界先进水平,是世界技能组织成员展示和交流职业技能的重要平台。如今每两年一届,截至目前已成功举办 45 届。

比赛形式:第45届世界技能大赛移动机器人项目比赛评价共设置以下 6 个模块:①工作组织和管理;②沟通及人际交往能力;③基本功能展示;④机器人设计与安装;⑤在规

定场地内分别通过第一视角和第三视角使用摄像头提供的信息,遥控机器人完成指定任务;⑥在规定场地内,由程序控制,按照任务要求分项和连续完成指定任务。

1.3.2 世界技能大赛全国机械行业选拔赛移动机器人项目

举办机构:机械工业教育发展中心。

参赛要求:参赛选手身份不限,机械行业各类院校(本科、高职、中职、技工院校等)师生和企业职工均可报名。

赛事概况:世界技能大赛选拔赛的拓展赛事,将择优推荐优秀选手参加世界技能大赛全国选拔赛,是跻身全国选拔赛的一条途径。

比赛形式:与世界技能大赛移动机器人项目比赛形式基本相同。

1.3.3 FIRST 机器人挑战赛

举办机构:FIRST 组织。

参赛时间:12~18 岁的中学生、大专生在一名专业导师的带领下组队参赛,一个团队由 6~10 人组成。每年 1 月初公布新主题,1~2 月搭建机器人,3 月各地区域选拔赛,4 月末举行世界锦标赛。

赛事概况:FIRST 机器人挑战赛(first robotics comptition,FRC)是针对中学生、大专生的一项工业级机器人竞赛,如今每年都有来自世界各地的数千支队伍参赛。该赛事把运动的刺激性和科学技术的精确性结合在一起,被称为“智力上的大学生运动会”。该项赛事已经获得全球 500 多所高校的认可,所有参赛队员每年均可获得申请总额约 3000 万美元奖学金的机会。

比赛形式:FRC 每年都会推出新的主题和规则以保持趣味性,一般要求机器人具有拾取、搬运、投掷、攀爬等功能。机器人通过自动或由操作员手动操控完成任务来取得分数,最终得分高者获得比赛胜利。

1.3.4 FIRST 科技挑战赛

举办机构:FIRST 组织。

参赛要求:12~18 岁中学生在一名领导/教练的带领下组队参赛。

赛事概况:FIRST 科技挑战赛(first tech challenge,FTC)可设计性强、创造性强,基于遥控操作,为学生提供了一个平台,运用课堂上学到的科技概念解决现实中的问题。学生面对无尽挑战,创造特有的解决方案,同时培养团队合作精神、演讲技能和商业意识。

比赛形式:与 FRC 一样,FTC 每年也会推出新的主题和规则以保持趣味性。机器人通过自动或由操作员手动操控完成任务来取得分数,最终得分高者获得比赛胜利。

1.3.5 全国大学生机器人大赛

举办机构:共青团中央。

参赛要求:在读的全日制非成人教育专业的专科生、本科生、硕士研究生和博士研究生均可参赛。

赛事概况：全国大学生机器人大赛目前是国内技术挑战性最强、影响力最大的大学生机器人赛事，大赛的冠军队将代表中国参加亚太大学生机器人大赛（ABU Robocon）。

比赛形式：每年由 ABU Robocon 的承办国制定和发布比赛主题和规则，全国大学生机器人大赛 Robocon 赛事采用这一规则进行比赛。在 10 个月的制作和准备时间里，参赛者需要综合运用机械、电子、控制、计算机等技术知识和手段，最终使机器人完成规则设置的任务。

1.3.6 RoboCup 机器人世界杯中国赛

举办机构：中国自动化学会。

参赛要求：在读的全日制非成人教育专业的专科生、本科生、硕士研究生和博士研究生均可参赛。

赛事概况：RoboCup 机器人世界杯是世界机器人竞赛领域影响力非常大、综合技术水平高、参与范围广的专业机器人竞赛，旨在通过机器人比赛，为人工智能和智能机器人学科的发展提供具有标志性和挑战性的课题，为相关领域的研究提供一个动态对抗的标准化环境。

比赛形式：RoboCup 机器人世界杯项目众多，包含足球类人组、中型组、仿真组、小型组、标准平台组、RoboCup 救援组、RoboCup 家庭组等 16 个组别、30 个比赛项目。不同项目的比赛形式需参考当年制定的规则说明。

1.3.7 VEX 机器人世界锦标赛

举办机构：诺斯洛普格拉曼基金会。

参赛要求：中学、大学青少年组队参赛。

赛事概况：VEX 机器人世界锦标赛（VEX Robotics Competition）是一项旨在通过推广教育型机器人，激发中学生和大学生对科学、技术、工程和数学领域的兴趣，提高并促进青少年的团队合作精神、领导才能和解决问题能力的世界级大赛。如今每年全球有 30 多个国家，上百万青少年参与选拔，竞争总决赛的席位。

比赛形式：针对不同组别有不同等级的竞赛项目，不同项目的比赛形式需参考当年制定的规则说明。

1.3.8 "飞思卡尔"杯全国大学生智能车赛

举办机构：高等学校自动化专业教学指导分委员会。

参赛要求：在读的全日制非成人教育专业的专科生、本科生、硕士研究生和博士研究生均可参赛。

赛事概况：比赛以迅猛发展的汽车电子为背景，涵盖了控制、模式识别、传感技术、电子、电气、计算机、机械等多个学科交叉的科技创意性比赛，旨在培养大学生对知识的把握和创新能力以及从事科学研究的能力。

比赛形式：在指定的模型汽车平台上，使用指定的微控制器作为核心控制模块，通过增加道路传感器、电机驱动电路及编写控制软件，制作一个能够自主识别道路的模型汽车，按照规定路线行进,并以完成时间最短者为优胜。

1.4　移动机器人的基本组成

移动机器人可以划分为 4 个系统,即控制系统、执行机构、动力系统和移动机构,如图 1-8 所示。

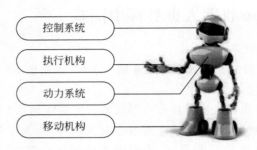

图 1-8　移动机器人基本组成

对于一个移动机器人来说,控制系统是"大脑",负责接收各传感器传来的信息,做出决策,并发出控制信号,告诉机器人的执行部件该怎么运动;执行机构相当于机器人的"手",负责实现移动机器人的主要功能,也就是说,移动机器人的主要功能取决于机器人所搭载的执行机构;动力系统决定了机器人获得运动能量的方式;移动机构是机器人的"腿","腿"的结构、运动方式会直接影响机器人的运动方式和运动效果。

本节将列举说明上述系统的典型组成器件。

1.4.1　控制系统

控制系统分为控制器和编程软件/语言两部分。

1. 控制器

1) NI myRIO

NI myRIO 是美国国家仪器(NI)公司针对教学和学生创新应用而推出的嵌入式系统开发平台。NI myRIO 内嵌 Xilinx Zynq 芯片,帮助学生可以利用双核 ARM Cortex-A9 的实时性能以及 Xilinx FPGA 可定制化 I/O,学习从简单嵌入式系统开发到具有一定复杂度的系统设计。

NI myRIO 有以下特点。

(1) 入门简单。完善的安装和启动引导界面可使使用者更快地熟悉操作,帮助使用者学习众多工程概念,完成设计项目。

(2) 使用方便。通过实时应用、FPGA、内置 WiFi 功能,学生可以远程部署应用,"无头"(无须远程计算机连接)操作。3 个连接端口(两个 MXP 和一个与 NI myDAQ 接口相同的 MSP 端口)负责发送、接收来自传感器和电路的信号,以支持学生搭建的系统。

(3) 资源丰富。共有 40 条数字 I/O 线,支持 SPI、PWM 输出、正交编码器输入、UART 和 I^2C 以及 10 个模拟输入、6 个模拟输出,方便通过编程控制连接各种传感器及外围设备。

（4）安全可靠。直流供电,供电范围为 6～16V,根据学生用户特点增设特别保护电路。

（5）开发便捷。NI 提供默认的 FPGA 程序,使用者在较短时间内就可以独立开发完成一个完整的嵌入式工程项目应用,特别适用于控制、机器人、机电一体化、测控等领域的课程设计或学生创新项目。当然,如果有其他方面的嵌入式系统开发应用或者是一些系统级的设计应用,也可以用 NI myRIO 来实现。

2）STM32

STM32 单片机是意法半导体(ST)公司使用 ARM 公司的 Cortex 核心生产的 32 位系列的单片机。

单片微型计算机简称单片机,简单来说就是集 CPU(中央处理器)、RAM(内存)、ROM(只读内存)、输入输出设备(串口、并口等)和中断系统于同一芯片的器件。在 PC 中,CPU、RAM、ROM、I/O 都是单独的芯片,这些芯片被安装在一个主板上,就构成了 PC 主板,进而组装成计算机。而单片机是将这所有的东西集中在了一片芯片上,组成了一个完整的微型计算机系统,故称为单片机。

STM32 使用主流的 Cortex 内核,性能优越,且产品线极其丰富,有数百款产品,从超低功耗到高性能,其多样化的产品阵容覆盖各种应用,可满足不同需求。优越的性能、丰富的功能和极高的性价比使 STM32 的应用十分广泛,目前在工业控制、通信、物联网、车联网等各行各业的应用数不胜数。

3）ARM

ARM 处理器是 ARM(Advanced RISC Machines)公司开发的 RISC 处理器,目前已遍及工业控制、消费类电子产品、通信系统、网络系统、无线系统等各类产品市场。

ARM 开发板是以英国 ARM 公司的内核芯片为 CPU,附加其他外设的嵌入式开发板。由于 ARM 公司的经营模式是以出售芯片设计技术的授权而获利,所以 ARM 技术普及非常迅速,基于 ARM 的产品也层出不穷,一系列的 ARM 开发板也包括其中。基于这些开发板可以开发出完整的机器人系统。

4）树莓派

树莓派(Raspberry Pi,简写为 RPi 或 RasPi)是一款基于 ARM,外观只有信用卡大小的微型计算机,其系统基于 Linux。

只要连接需要的外设,如键盘、显示屏,树莓派就可以具备所有 PC 的基本功能,如处理电子文档、玩游戏、播放视频等。因此,在树莓派微型计算机上编写机器人程序是可行的,连接上相应的硬件便可以搭建起完整的机器人系统。

5）可编程控制器(PLC)

可编程控制器(programmable controller)经历了可编程矩阵控制器 PMC、可编程顺序控制器 PSC、可编程逻辑控制器 PLC(programmable logic controller)和可编程控制器 PC 几个不同时期。但为了与个人计算机(PC)相区别,现在仍然沿用 PLC 作为可编程控制器的简写。

PLC 实质是一种专用于工业控制的计算机,其硬件结构基本与微型计算机相同,由电源、中央处理单元(CPU)、存储器、输入输出接口电路、功能模块、通信模块等部分组成。

PLC 采用一类可编程的存储器,用于其内部存储程序、执行逻辑运算、顺序控制、定时、计数与算术操作等面向用户的指令,并通过数字或模拟式输入输出控制各种类型的机械或生产过程。

PLC 多用于工业领域,目前在移动机器人上的应用最常见的就是各种 AGV 车。

2. 编程软件/语言

1) LabVIEW

LabVIEW(laboratory virtual instrument engineering workbench)是一种程序开发环境,由美国国家仪器(NI)公司研制开发,类似于 C 和 BASIC 开发环境,但是 LabVIEW 与其他计算机语言的显著区别是:其他计算机语言都是采用基于文本的语言产生代码,而 LabVIEW 使用的是图形化编辑语言——G 语言编写程序,产生的程序是框图的形式。LabVIEW 软件是 NI 设计平台的核心,也是开发测量或控制系统的理想选择。LabVIEW 开发环境集成了工程师和科学家快速构建各种应用所需的所有工具,旨在帮助工程师和科学家解决问题、提高生产力和不断创新。

与 C 和 BASIC 一样,LabVIEW 也是通用的编程系统,有一个可完成任何编程任务的庞大函数库,如图 1-9 所示。LabVIEW 的函数库包括数据采集、GPIB、串口控制、数据分析、数据显示及数据存储等功能。LabVIEW 也有传统的程序调试工具,如设置断点、以动画方式显示数据及其子程序(子 VI)的结果、单步执行等,便于程序的调试。

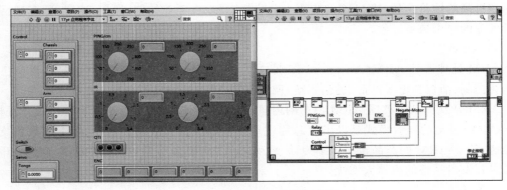

图 1-9　LabVIEW 图形化编程

2) ROS

ROS(robot operating system)是一个机器人软件平台,是适用于机器人的开源操作系统,如图 1-10 所示。ROS 提供了操作系统应有的服务,包括硬件抽象、底层设备控制、常用函数的实现、进程间消息传递以及包管理。它也提供用于获取、编译、编写和跨计算机运行代码所需的工具和库函数。

ROS 支持 C++、Python 等多种开发语言,同时还采用了松耦合设计方法。松耦合设计方法是指 ROS 在运行时由多个松耦合的进程组成,每个进程称为节点(Node),所有节点可以运行在一个处理器上,也可以分布式运行在多个处理器上。在实际使用时,这种松耦合的结构设计可以让开发者根据机器人所需功能灵活添加各个功能模块。开发者可以用 ROS 的基础框架配合选定的功能包快速搭建机器人系统原型,从而让开发人员将更多的时间用于核心算法的开发改进上。这极大地降低了机器人开发的准入门槛,也加快了机器人核心算法的开发速度。因此,除了官方提供的功能包外,ROS 还聚合了全世界开发者实现的大量开源功能包。

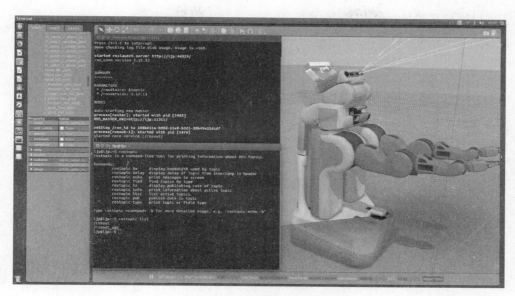

图 1-10　ROS 机器人仿真界面

3）C 语言

C 语言是一门面向过程的、应用广泛的通用计算机编程语言，如图 1-11 所示。C 语言的设计目标是提供一种能以简易的方式编译、处理低级存储器、产生少量的机器码以及不需要任何运行环境支持便能运行的编程语言。

```
helloworld.cpp
1  #include <stdio.h>
2  int main ()
3  {
4      printf("Hello world!");
5      return 0;
6  }
```

图 1-11　C 语言

C 语言是一门优秀的高级语言，同时具备了高级语言的基本结构和语句与低级语言的实用性。C 语言还是一种结构式语言，代码与数据是分隔开的，即程序的各个部分除了必要的信息交流外彼此独立。另外，C 语言以函数形式提供给用户，这些函数可方便地调用，并具有多种循环、条件语句控制程序流向，从而使程序完全结构化。语言的结构化可使程序的层次清晰，便于使用、维护及调试。

尽管 C 语言提供了许多低级处理的功能，但以一个标准规格写出的 C 代码几乎不加修改就可用于多种操作系统，如 Windows、DOS、UNIX 等，因此 C 语言有着良好的跨平台性。

4）C++

C++是 C 语言的继承，它既可以进行 C 语言的过程化程序设计，又可以进行以抽象数据类型为特点的基于对象的程序设计，还可以进行以继承和多态为特点的面向对象的程序设计，如图 1-12 所示。C++应用非常广泛，常用于系统开发、引擎开发等应用领域，支持类、封装、继承、多态等特性。C++语言灵活，运算符的数据结构丰富，具有结构化控制语句，程序执行效率高，而且同时具有高级语言与汇编语言的优点。C++擅长面向对象程序设计的同时,还可以进行基于过程的程序设计。

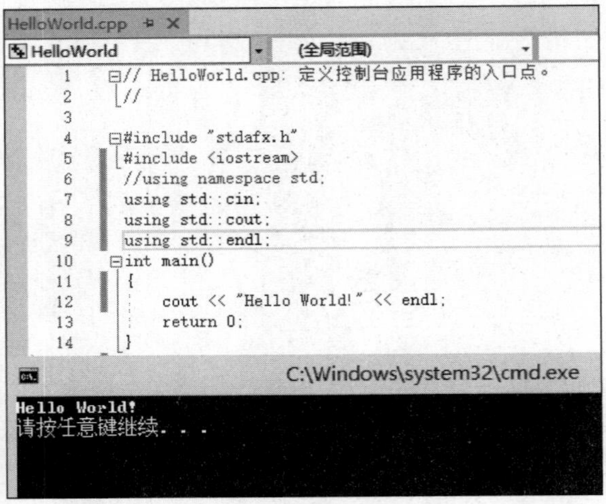

图 1-12　C++语言

　　C++语言是对 C 语言的扩充,它从 Simula 中吸取了类;从 ALGOL 语言中吸取了运算符的一名多用、引用和在分程序中任何位置均可说明变量等功能;综合了 Ada 语言的类属和 Clu 语言的模块特点,形成了抽象类;从 Ada Clu 和 ML 等语言中吸取了异常处理;从 BCPL 语言中吸取了用//表示注释。C++语言保持了 C 语言的紧凑灵活、高效以及可移植性强等优点,它对数据抽象的支持主要在于类概念和机制,对面向对象丰富的支持主要通过虚拟机制函数。因 C++语言既有数据抽象和面向对象能力,运行性能又高,再加上 C 语言的普及,而且 C++语言与 C 语言的兼容程度可使数量巨大的 C 语言程序方便地在 C++语言环境中使用,从而使 C++语言在短短几年内即流行开来。

　　5) Python

　　Python 是一种面向对象的解释型计算机程序设计语言,如图 1-13 所示。Python 的一个明显特点是具有丰富和强大的库。它常被昵称为"胶水语言",能够把用其他语言制作的各种模块(尤其是 C/C++)很轻松地连接在一起,这意味着当需要实现一些基本的功能时不必"重新发明轮子"。常见的一种应用情形是,使用 Python 快速生成程序的原型(有时甚至是程序的最终界面),然后对其中有特别要求的部分,用更合适的语言改写。例如 3D 游戏中的图形渲染模块,性能要求特别高,就可以用 C/C++重写,而后封装为 Python 可以调用的扩展类库。

　　近年来,尤其是在机器人领域,Python 的热度越来越高,其中一个原因是 Python 是 ROS 中的一种主要编程语言。

　　6) PLC 标准编程语言

　　PLC 有 5 种标准编程语言,即梯形图(LD)、指令表(IL)、功能模块图(FBD)、顺序功能流程图(SFC)、结构化文本语言(ST)。

　　(1) 梯形图。梯形图是 PLC 程序设计中最常用的编程语言,是在常用的继电器与接触器逻辑控制基础上简化而来的,故与电气操作原理图相对应,具有直观性和对应性,如图 1-14 所示。

图 1-13　基于 Python 的人脸识别程序

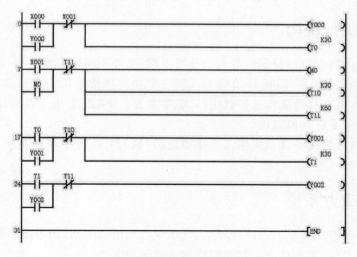

图 1-14　梯形图

梯形图由若干阶级构成,自上而下排列,每个阶级起于左母线,经过触点和线圈,最后止于右母线。其中,左、右母线类似于继电器与接触器的控制电源线,输出线圈类似于负载,输入触点类似于按钮。

由于电气设计人员对继电器控制较为熟悉,所以他们在使用梯形图编程时比较得心应手。因此,梯形图广受欢迎,成为应用最多的 PLC 编程语言。

(2)指令表。指令表编程语言是与汇编语言类似的一种助记符编程语言,和汇编语言一样由操作码和操作数组成。指令表采用助记符表示操作功能,容易记忆,便于掌握。在手持编程器的键盘上用助记符表示,便可在无计算机的场合进行编程设计。同时,指令表编程语言与梯形图编程语言一一对应,在 PLC 编程软件下可以相互转换。

（3）功能模块图。功能模块图是与数字逻辑电路类似的一种 PLC 编程语言。这种语言采用功能模块图的形式表示模块所具有的功能,不同的模块代表不同的功能。

功能模块图以图形的形式表达功能,直观性强,容易理解,在调试规模大、控制逻辑关系复杂的控制系统时能够清楚表达功能关系。

（4）顺序功能流程图。顺序功能流程图是为了满足顺序逻辑控制而设计的编程语言。编程时将顺序流程动作的过程分成几步和转换条件,根据转换条件对控制系统的功能流程顺序进行分配,一步一步按照顺序动作。每一步代表一个控制功能任务,用方框表示。在方框内含有用于完成相应控制功能任务的梯形图逻辑。

这种编程语言按照功能流程的顺序分配,条理清楚,避免了用梯形图对顺序动作编程时,由于机械互锁造成程序结构难以理解的问题,同时大大缩短了用户程序扫描时间。

（5）结构化文本语言。结构化文本语言用结构化的描述文本编写程序,类似于高级语言。在大、中型的 PLC 系统中,前面几种 PLC 编程语言常常难以描述控制系统中各个变量的关系,此时一般会采用结构化文本。

结构化文本编程语言采用计算机的描述方式描述系统中各变量之间的各种运算关系,可以完成复杂的控制运算。然而相对于其他 PLC 编程语言,结构化文本编程语言直观性和操作性明显较差,对设计人员要求较高,需要有一定的计算机高级语言知识和编程技巧。

1.4.2　执行机构

移动机器人的执行机构根据机器人的分类不同、功能不同而有所差别,执行机构是移动机器人主要功能的实现机构,即移动机器人的主要功能取决于机器人所搭载的执行机构。例如,清扫机器人是在移动机构上搭载刷扫、吸尘装置;分拣机器人是在移动机构上搭载了分拣货物用的机械手或其他机构。

简而言之,执行机构是移动机器人主要功能的"执行者",没有了执行机构,移动机器人将不能完成其主要功能。

1.4.3　动力系统

机器人的驱动方式常见的有液压驱动、气压驱动和电动驱动,而考虑到移动机器人的可移动性和输出需求,一般的移动机器人都选用电动驱动方式。

（1）液压驱动系统。液压系统是一种以液体作为工作介质,利用液体的压力能并通过控制阀门等附件操纵液压执行机构工作的装置,是一种比较成熟的技术应用。它具有负载能力大、机构易于标准化等特点,因此适用于重型、大型机器人中。但液压系统需进行能量转换（电能转换成液压能）,速度控制多数情况下采用节流调速,效率比电动驱动系统低,大多用于要求输出力较大而运动速度较低的场合。此外,这种系统还存在液压密封的问题,在一定条件下有火灾危险。

（2）气压驱动系统。气压系统是以压缩气体为工作介质,通过各种元件组成不同功能的基本回路,再由若干基本回路有机地组合成整体,进行动力或信号的传递与控制。气动系统具有速度快、系统结构简单、安装维护方便、无污染、价格低等特点,适合用于中、小负荷的机器人中。但因其很难实现伺服控制,所以多用于程序控制的机械人中,如在工业机械手,上、下料和冲压机器人中应用较多。再者,气压驱动系统需要气源,而一般来说移动机器人要搭载气源是极其不便的。

(3) 电动驱动系统。低惯量,大转矩交、直流伺服电机及其配套的伺服驱动器(交流变频器、直流脉冲宽度调制器)目前已被广泛采用,这类驱动系统在机器人中的应用也十分普遍。这类系统效率高,使用方便,控制灵活。缺点是直流有刷电机不能直接用于要求防爆的环境中,成本也较上面两种驱动系统高。但由于这类驱动系统优点比较突出,因此在机器人中被广泛使用。

1.4.4　移动机构

移动机器人的移动机构主要有轮式移动机构、履带式移动机构及足式移动机构,此外还有步进式移动机构、蠕动式移动机构、蛇行式移动机构和混合式移动机构,以适应不同的工作环境和场合。一般室内移动机器人通常采用轮式移动机构,室外移动机器人为了适应野外环境的需要,多采用履带式移动机构。一些仿生机器人,通常模仿某种生物运动方式而采用相应的移动机构,如机器蛇采用蛇行式移动机构、机器鱼则采用尾鳍推进式移动机构。其中轮式移动机构的效率最高,但适应性能力相对较差;而足式的移动适应能力最强,但其效率最低。

1. 轮式移动机构

轮式移动机器人是目前移动机器人中应用最多的一种机器人,在相对平坦的地面上,用轮式移动方式非常可靠。

一般情况下,在平面移动的物体可以实现前后、左右和自转 3 个自由度的运动,若所具有的自由度少于 3 个,则为非全方位移动平台。例如,日常生活中的汽车,只能前后移动和转弯,不能横向移动和原地转圈,所以是非全方位移动平台。若具有完全的 3 个自由度,则称为全方位移动平台,这种平台非常适合工作在空间有限、对平台的机动性要求较高的场合中。

要实现全方位移动,需选用全向轮,常见的有麦克纳姆轮(Mecanum wheel)和欧米轮(Omni wheel)。

2. 麦克纳姆轮

如图 1-15 所示,麦克纳姆轮由轮辐和固定在外周的许多小滚子构成,轮子和滚子之间的夹角通常为 45°。

每个轮子具有 3 个自由度,第一个是绕轮子轴心转动,第二个是绕滚子轴心转动,第三个是绕轮子和地面的接触点转动。轮子由电机驱动,其余两个自由度自由运动。

麦克纳姆轮的滚子之间存在间隙,所以轮子在转动过程中同地面接触点的高度不断发生变化,导致车体振动或打滑。通常的改进方法是采用多个滚子以减少滚子之间的间隙。

如图 1-16 所示,麦克纳姆轮的典型布置方式为 H 型布置。

图 1-15　麦克纳姆轮

图 1-16　H 型布置的麦克纳姆轮

3. 欧米轮

如图 1-17 所示,欧米轮由一个轮盘和固定在轮盘外周的滚子构成。轮盘轴心同滚子轴心垂直,轮盘绕轴心由电机驱动转动,滚子依次与地面接触,并可绕自身轴心自由转动。

图 1-17　欧米轮

欧米轮的轮辐上有两种滚子,分为内圈和外圈,都可以绕与轮盘轴垂直的轴心转动,具有公共的切面方向。这样既保证了在轮盘滚动时同地面的接触点高度不变,避免机器人振动,也保证了在任意位置都可以实现沿与轮盘轴平行方向的自由滚动。

如图 1-18 和图 1-19 所示,连续切换轮的典型布置方式为三角形布置和十字形布置。

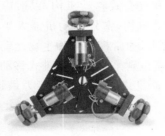

图 1-18　三角形布置

图 1-19　十字形布置

1.5　第 45 届世界技能大赛参赛机器人

在第 45 届世界技能大赛上,中国国家队选用慧谷 KNIGHT-N 移动机器人参加比赛,一路过关斩将,最终获得了本届世界技能大赛移动机器人项目的金牌。

该机器人搭载超声波测距传感器、红外测距传感器、摄像头等部件,能够在规定的 200cm×400cm 的场地中自由移动,全自动地完成躲避障碍、识别条码内容、识别指定高尔夫球和抓取放置高尔夫球至指定位置等一系列功能。

KNIGHT-N 分为控制系统和算法、移动管理系统、目标管理系统、电气接线系统四大部分。

1.5.1　控制系统和算法

KNIGHT-N 机器人使用 NI myRIO-1900 作为控制器,基于图形化编程平台 LabVIEW 开发,包括 ARM 及 FPGA 平台的代码。程序设计分为传感器采集、底盘运动控制、视觉识别和 OMS 控制 4 个主要模块。

(1) 传感器程序具有读取红外测距传感器、超声波测距传感器等功能。

(2) 底盘运动控制具有移动坐标控制及轨迹规划功能。

(3) 视觉识别具有对条形码和高尔夫球识别功能。

(4) OMS 控制程序具有姿态解析与运动规划功能。

四部分程序模块的紧密配合,能够满足完成赛题的需求。

1.5.2　移动管理系统

KNIGHT-N 机器人的移动底盘采用三轮式全方位运动设计,与传统的轮式移动机器人不同,全方位移动机器人可以在不改变当前姿态的情况下,实现任意方向的运动,并且可以实现零半径的转向。由于其具有运动灵活度高、机动性强等优点,因此非常适合在各种复杂环境中工作,且能在各种狭小环境中高效运动。

1.5.3　目标管理系统

KNIGHT-N 机器人的机械臂采用双叉加套筒的目标管理系统设计,能够同时存储运输 6 个高尔夫球、2 个零件车,大大提升了目标搬运能力,缩短了竞赛题目完成时间,可以完美满足世界技能大赛移动机器人项目的任务要求。

1.5.4　电气接线系统

KNIGHT-N 机器人以 NI myRIO-1900 为控制核心,通过红外测距传感器、超声波测距传感器、陀螺仪、行程开关、QTI 循迹传感器、摄像头等器件感知环境与判断机器人姿态,需要控制电机、舵机和指示灯等多个器件进行运动控制,还配备了 X. HUB 及 5G 路由器,用于扩展主控制器 USB、以太网接口,增强主控制器无线连接的带宽,同时还需要考虑布线难度、尺寸等问题。对此,广州慧谷动力科技有限公司自主研发设计了方便接线布线的结构来搭建 KNIGHT-N 机器人的电气接线系统。

第 2 章

KNIGHT-N机器人结构及装配

机器人的功能实现离不开机器人本体。本章将以第45届世界技能大赛移动机器人项目中国国家队参赛机器人 KNIGHT-N 为例,讲解移动机器人的基本组成及装配流程。

通过本章的学习,读者将会认识常用的装配工具及其使用方法,能够正确选择合适的装配工具进行机器人装配,掌握 KNIGHT-N 机器人的装配方法。

2.1 常用装配工具及其使用

2.1.1 学习目标

(1) 认识机器人常用装配工具。

(2) 掌握机器人常用装配工具的使用方法。

(3) 面对不同的装配场景能够独立选择正确、合适的装配工具。

2.1.2 学习任务

掌握内六角扳手、旋具、尖嘴钳、剥线钳、压线钳、电烙铁、热熔胶枪的使用方法。

2.1.3 知识链接

1. 内六角扳手

内六角扳手如图 2-1 所示,用于拧紧或拧松标准规格的内六角螺栓。

1) 种类

(1) 按尺寸可分为英制(inch)和公制。

图 2-1　内六角扳手

（2）按外形，可分为 L 形（平头、球头、花形）和 T 形（平头、球头、花形）。

内六角扳手与螺栓配对表如表 2-1 所示。

表 2-1　内六角扳手与螺栓配对表

内六角扳手（公制）	杯头	平头	塞打	内六角扳手（英制）	杯头	平头	塞打
0.7				5/64	2号、3号	5号、6号	
0.9				3/32	4号、5号(1/8)	8号	
1.3				7/64	6号		
1.5	2			1/8	(5/32)	10号(3/16)	1/4
2.0	2.5		3	9/64	8号		
2.5	3	4	4	5/32	10号(3/16)	1/4	5/16
3.0	4	5	5	3/16	1/4	5/16	3/8
4.0	5	6	6				
5.0	6	8	8				
6.0	8	10	10				
8.0	10	12	12				
10.0	12	14	16				
12.0	14	18					
14.0	16/18	22					
17.0	20/22						
19.0	24						
22.0	30						
27.0	36						

2）使用方法

（1）将内六角扳手的一端插入内六角螺栓的六方孔中。

（2）用左手下压并保持两者的相对位置，以防止转动时扳手从六方孔中滑出。

（3）右手转动扳手，带动内六角螺栓紧固或松开。

3）注意事项

（1）使用前要将内六角扳手上的油污擦拭干净，防止使用时打滑。

（2）公、英制要正确选用，不能公、英制混用，这样会损坏螺栓也会损伤内六角扳手。

（3）要选择合适尺寸的内六角扳手，不能用较小的内六角扳手旋动较大的螺栓（特别是相邻尺寸的内六角扳手最容易混用），这样螺栓极易滑牙。

2. 旋具

旋具如图 2-2 所示。旋具是用来旋紧或松开头部带沟槽的螺钉的专用工具。

图 2-2　旋具

1）旋具的种类

旋具按形状可分为一字旋具和十字旋具，此外还有内六角旋具、外六角旋具、三角旋具或其他专用形状的旋具。

2）使用方法

（1）以右手握持旋具，手心抵住柄端。

（2）让旋具刀口端与螺栓或螺钉的槽口处于垂直吻合状态。

（3）用力将旋具压紧后再用手腕力扭转旋具，根据规格标准，通常沿顺时针方向旋转为嵌紧，沿逆时针方向旋转则为松出，也有相反的情况。

（4）当螺栓松动后，即可用手心轻压旋具刀柄，用拇指、中指和食指快速转动旋具。

3）注意事项

（1）在使用前应先擦净旋具柄和刀口端的油污，以免工作时滑脱而发生意外。

（2）应根据旋紧或松开的螺钉头部的槽宽和槽形选用适当的旋具。

（3）不能用较小的旋具拧较大的螺钉。

（4）使用时不可用旋具当撬棒或凿子使用。

（5）不可用锤击旋具手柄端部的方法撬开缝隙或剔除金属毛刺及其他物体。

3. 尖嘴钳

尖嘴钳如图 2-3 所示。尖嘴钳由尖头、刀口和钳柄组成。钳柄上套有额定电压为 500V的绝缘套管，是一种常用的钳形工具，主要用来剪切线径较细的单股与多股线，以及给单股导线接头弯圈、剥塑料绝缘层等。尖嘴钳能在较狭小的工作空间操作，不带刀口的尖嘴钳只能夹捏工件，带刀口的尖嘴钳能剪切细小零件。

图 2-3　尖嘴钳

1）使用方法

（1）用于剪切导线或钢丝时，首先将要剪切的材料放入尖嘴钳的刀口并固定，然后用力合上钳柄即可将材料剪断。

（2）用于夹捏工件时，首先将钳柄分开，将钳口对准待夹取的物品，然后合上钳柄，进行相应的作业。

2）注意事项

（1）使用时注意刀口不要朝向自己，以免受到伤害。

（2）不使用时要保存好防止生锈。

4. 剥线钳

常见的剥线钳如图 2-4 所示。剥线钳是电工常用的工具之一，用来剥除电线头部的表面绝缘层。剥线钳可以将绝缘皮与电线分开，还可以防止触电。

图 2-4　常见的剥线钳

1) 种类

按功能分类，可分为可调式端面剥线钳、自动剥线钳、多功能剥线钳和压接剥线钳。

2) 使用方法

(1) 张开钳柄。

(2) 将要剥除绝缘层的导线放入钳口。

(3) 合上钳柄即可剥除导线的绝缘层。有的剥线钳会根据导线的直径自动调整钳口的闭合度，有的剥线钳则是将钳口分成不同直径的啮合孔，根据实际使用时导线的直径放入不同的孔内完成剥线作业。

3) 注意事项

(1) 根据缆线的粗细型号，选择相应的剥线刀口。

(2) 为了安全，请确认断线飞出方向再进行剥线。

5. 压线钳

常见的压线钳及其压制的端子如图 2-5 所示。压线钳通常用于给导线的前端压制端子。常见的接线端子有各类接插件簧片、Y 形、O 形、管形、网线等。

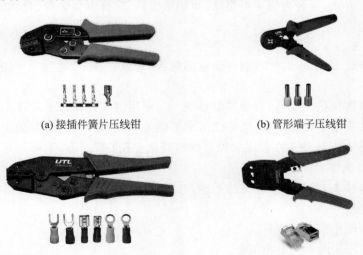

(a) 接插件簧片压线钳　　　　　　　　(b) 管形端子压线钳

(c) Y 形、O 形等预绝缘端子压线钳　　　　　　(d) 网线钳

图 2-5　常见的压线钳及其压制的端子

1) 种类

按功能分类，可分为接插件簧片压线钳、管形端子压线钳、预绝缘端子压线钳、网线钳等。

2）使用方法

（1）将端子放置到压线钳合适的压线槽内，使端子固定，留出放置导线的孔位。

（2）将剥开绝缘层的导线插入端子（网线不需要剥开双绞线的绝缘层但是需要整理线序）。

（3）合上钳柄将端子压制到线头上。

3）注意事项

（1）根据端子形状的不同，选择相应的压线钳。

（2）压线时适当用力即可，不可过于用力。

6. 电烙铁

常见的电烙铁如图 2-6 和图 2-7 所示。电烙铁是电子制作和电器维修常用的工具之一，其主要用途是焊接元件及导线。

图 2-6　外热式电烙铁　　　　图 2-7　自动送锡电烙铁（左）和恒温防静电焊台（右）

1）种类

（1）按传热方式，可分为内热式电烙铁和外热式电烙铁。

（2）按用途方式，可分为恒温电烙铁、吸锡电烙铁、防静电电烙铁、自动送锡电烙铁和感应式电烙铁。

2）使用方法

（1）给电烙铁上电，将温度控制在合适的范围，通常在 300℃ 左右。有的电烙铁可以调节温度。

（2）待电烙铁预热完成后，右手持电烙铁。左手用尖嘴钳或镊子夹持元件或导线。

（3）将烙铁头紧贴在焊点处，电烙铁与水平面大约成 60°，送入适量的焊锡，熔化的锡从烙铁头流到焊点上。烙铁头在焊点处停留的时间应控制在 2～3s，不可过长，长时间加热焊板容易导致焊盘脱落。

（4）抬开烙铁头，左手持元件保持不动。待焊点处的锡冷却凝固后方可松开。

3）注意事项

（1）电烙铁使用前要上锡。

（2）长时间不用时要切断电源。

（3）电烙铁工作时请勿直接接触金属部分，避免灼伤。

（4）通电后不要把电烙铁对着有人的地方。

7. 热熔胶枪

热熔胶枪如图 2-8 所示。热熔胶枪是一种辅助上胶的工具，其作用是通过发热将热熔胶熔化，通过按压压胶扳机挤出熔化的胶涂抹到需要上胶的工件上。

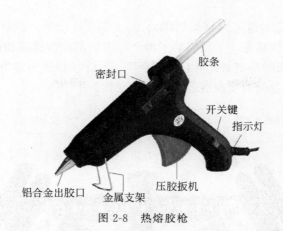

图 2-8　热熔胶枪

1) 种类

(1) 按功率,可分为小功率热熔胶枪和大功率热熔胶枪。

(2) 按胶棒规格,可分为 7mm 胶棒热熔胶枪、11mm 胶棒热熔胶枪等。

2) 使用方法

(1) 将热熔胶条插入热熔胶枪的入口。

(2) 给热熔胶枪上电,等待胶枪充分预热。

(3) 把出胶口对准要上胶的部位,按下出胶开关即可上胶,上胶后应在胶凝固前将要黏合的部件黏合上。

3) 注意事项

(1) 接通电源后,长时间不用需将开关关闭或断开电源。

(2) 热熔胶熔化后,枪口需朝下,若枪嘴向上易导致熔胶倒流损坏胶枪。

(3) 热熔胶枪工作时请勿直接接触枪头,避免灼伤。

(4) 使用完毕后将支架撑开放置在平稳的台面上。

2.2　KNIGHT-N 移动管理系统的结构及装配

2.2.1　学习目标

(1) 了解 KNIGHT-N 机器人移动管理系统的结构组成。

(2) 完成 KNIGHT-N 机器人移动管理系统的装配。

2.2.2　学习任务

(1) 根据工具清单选择正确的装配工具。

(2) 根据安装步骤正确安装 KNIGHT-N 机器人的移动管理系统。

2.2.3　知识链接

1. KNIGHT-N 机器人移动管理系统的结构

KNIGHT-N 机器人移动管理系统由 3 个欧米轮互成 120°夹角安装,由 3 个直流减速电机分别带动 3 个欧米轮为机器人移动提供动力，如图 2-9 所示。机器人的电池安装在移动管理系统左下方，移动管理系统上还安装了两个超声波测距传感器和两个红外测距传感器，使机器人能够感知周围的环境。此外，还安装了一个 QTI 循迹传感器用于判别工厂地面的变化，一个陀螺仪传感器时刻反映机器人的姿态变化。

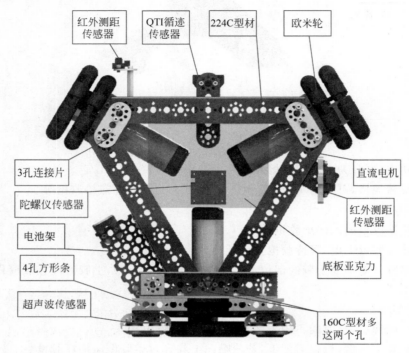

红外测距传感器 QTI循迹传感器 224C型材 欧米轮

3孔连接片

陀螺仪传感器

电池架

4孔方形条

超声波传感器

直流电机

红外测距传感器

底板亚克力

160C型材多这两个孔

图 2-9　KNIGHT-N 机器人移动管理系统

2．KNIGHT-N 机器人移动管理系统装配工具

机器人移动管理系统装配工具清单如表 2-2 所示。

表 2-2　移动管理系统装配工具清单

工 具 名 称	图　　　　片	数量	单位	备　　　注
公制六角扳手		1	套	
英制六角扳手		1	套	
旋具		1	把	
梅花扳手		1	把	

3. KNIGHT-N 机器人移动管理系统安装材料清单

移动管理系统安装材料清单如表 2-3 所示。

表 2-3　移动管理系统安装材料清单

序号	材料名称	图片	数量	单位	备注
1	欧米轮		3	套	顶丝 2 个
2	轴承固定座		3	个	
3	696ZZ 小轴承		3	个	
4	银色电机座（全开）		3	套	
5	电机座、轴承座固定片		3	片	固定轴承座和电机座并与底盘连接
6	224C 型材		3	根	
7	3 孔连接片		5	片	

序号	材料名称	图　片	数量	单位	备　注
8	电池架		1	个	
9	内嵌 L 形角件		3	个	
10	特殊 160C 型材（超声波部分）		1	根	多加工 2 个孔
11	内嵌 U 形槽		1	个	
12	4 孔方形条		2	根	
13	外嵌 L 形角件		2	个	
14	右红外固定 L 形角件		1	个	

续表

序号	材 料 名 称	图 片	数量	单位	备 注
15	底板亚克力		1	块	
16	超声波测距传感器固定架		2	个	
17	红外测距传感器固定架		1	个	
18	5孔连接片		1	片	
19	外嵌U形槽		1	个	
20	44260电机		3	个	
21	超声波测距传感器		2	个	

序号	材 料 名 称	图　片	数量	单位	备　注
22	红外测距传感器		2	个	
23	QTI 循迹传感器		1	个	
24	陀螺仪传感器		1	个	
25	32mm 六边铝柱		2	根	
26	16mm 六边铝柱		2	根	
27	♯6-32 1/2 杯头内六角螺栓		6	颗	
28	♯6-32 5/16 杯头内六角螺栓		42	颗	
29	♯6-32 3/8 圆头内六角螺栓		10	颗	

续表

序号	材 料 名 称	图　片	数量	单位	备　注
30	♯6-32 全螺纹×23.5mm 翼形螺钉		2	颗	
31	♯6-32 1-1/2 英寸螺栓		2	颗	
32	♯6-32 螺母		38	颗	
33	M3×8 杯头螺栓		2	颗	
34	M3×5 杯头螺栓		4	颗	
35	M3 法兰螺母		2	颗	
36	1mm 尼龙垫片		6	片	厚度 1mm
37	M3×8 十字尼龙螺栓		4	颗	固定超声波
38	M3×8 尼龙柱		4	根	固定陀螺仪
39	M3×6 十字尼龙螺栓		8	颗	固定陀螺仪
40	M4×8 杯头螺栓		6	颗	

2.2.4 过程讲解

KNIGHT-N 移动管理系统的安装流程如图 2-10 所示。

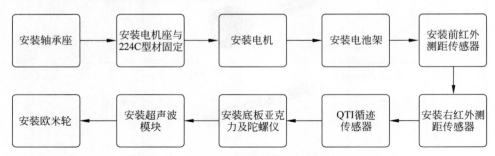

图 2-10 KNIGHT-N 移动管理系统的安装流程

1. 安装轴承座

（1）取 1 个 696ZZ 小轴承、1 个轴承固定座，1 片轴承座固定片，2 颗 M4×8 杯头内六角螺栓。

（2）将 696ZZ 小轴承按图 2-11 所示方法垂直安装到轴承座里。

（3）把安装好轴承的轴承座与轴承座固定片按图 2-12 所示用 M4×8 杯头内六角螺栓固定。

图 2-11 轴承与轴承座安装　　　　　图 2-12 轴承座与轴承座固定片的安装

（4）重复步骤（1）～（3）完成另外两个轴承座与轴承固定片的组装。

2. 安装电机座与 224C 型材固定

（1）取 3 根 224C 型材、3 个电机座、3 个已安装好的轴承座以及 2 块 3 孔连接片、20 颗 ♯6-32 5/16 杯头内六角螺栓、14 颗 ♯6-32 螺母。

（2）如图 2-13、图 2-14 所示，依次将 3 个已安装好的轴承座用 ♯6-32 5/16 杯头内六角螺栓与 224C 型材固定。

#6-32 5/16杯头
内六角螺栓

图 2-13　轴承座与 224C 型材固定正面安装

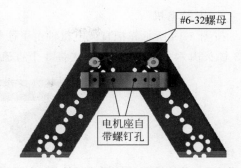

#6-32螺母

电机座自
带螺钉孔

图 2-14　轴承座与 224C 型材固定反面安装

（3）安装后效果如图 2-15 所示。

（4）取一块 3 孔连接片，按图 2-16 和图 2-17 所示方法，用♯6-32 5/16 杯头内六角螺栓将其与 224C 型材固定安装。

（5）重复步骤（4）再完成一组 3 孔连接片与 224C 型材的固定组装。

（6）效果如图 2-18 所示。

图 2-15　轴承座与 224C 型材固定效果

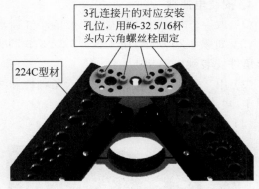

3孔连接片的对应安装
孔位，用#6-32 5/16杯
头内六角螺丝栓固定

224C型材

图 2-16　3 孔连接片与 224C 型材固定正面安装

对应224C型材的孔
位，用#6-32 5/16螺
栓锁住#6-32螺母

图 2-17　3 孔连接片与 224C 型材固定反面安装

图 2-18　3 孔连接片与 224C 型材固定效果

3. 安装电机

按图 2-19 所示先把直流电机轴由里往外完全插入轴承里,然后装上电机座盖,用♯6-32 1/2 杯头内六角螺栓固定,依次将 3 个直流电机安装好即可。

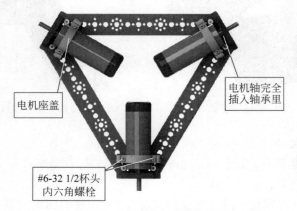

图 2-19　底盘电机安装效果

4. 安装电池架

(1)取一个电池架、2 个内嵌 L 形角件、6 颗♯6-32 3/8 圆头内六角螺栓和 6 颗♯6-32 螺母。

(2)如图 2-20 所示,用 4 颗♯6-32 3/8 圆头内六角螺栓和 4 颗♯6-32 螺母将 2 个内嵌 L 形角件安装到电池架上。

(3)用 2 颗♯6-32 3/8 圆头内六角螺栓和 2 颗♯6-32 螺母固定安装到底盘左侧的 224C 型材上,电池架如图 2-20 所示。

(4)电池架安装效果如图 2-21 所示。

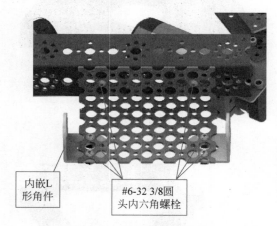

图 2-20　电池架细节安装

图 2-21　电池架安装效果

5. 前红外测距传感器安装

(1)取 1 片 3 孔连接片、1 个红外测距传感器、2 颗 M×8 杯头内六角螺栓、2 颗 M3 法兰螺母,按图 2-22 所示先将红外测距传感器安装在一块 3 孔连接片上。

(2)取 4 颗♯6-32 5/16 杯头内六角螺栓、2 根 32mm 六边铝柱,将装好的前红外测距传感器安装到 224C 型材上,如图 2-23 所示。

6. 右红外测距传感器安装

（1）安装右红外测距传感器时，注意一定要与机器人中心线平行，效果如图 2-24 所示。

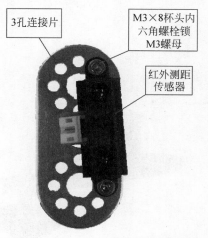

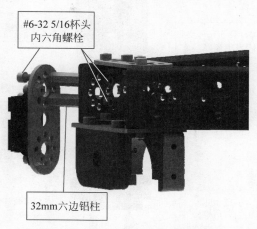

图 2-22　前红外测距传感器安装细节　　　　图 2-23　前红外测距传感器的安装

（2）取 1 个右红外固定 L 形角件、1 个红外测距传感器固定架、1 个红外测距传感器、4 颗 M3×5 杯头内六角螺栓、2 颗♯6-32 5/16 杯头内六角螺栓及 2 颗♯6-32 螺母，按图 2-25 所示方法进行组装。

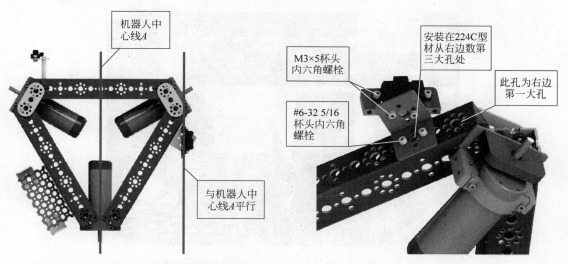

图 2-24　右红外测距传感器安装效果　　　　图 2-25　右红外测距传感器的安装

7. QTI 循迹传感器安装

（1）取 1 个外嵌 U 形槽、1 片 5 孔连接片、2 根 16mm 六边铝柱、4 颗♯6-32 5/16 杯头内六角螺栓、2 颗♯6-32 3/8 圆头内六角螺栓、2 颗♯6-32 螺母和 1 个 QTI 循迹传感器，按图 2-26 和图 2-27 所示方法组装 QTI 模块。

（2）取 2 颗♯6-32 5/16 杯头内六角螺栓、2 颗♯6-32 螺母，按图 2-28 和图 2-29 所示方法将组装完成的 QTI 模块安装到机器人上。

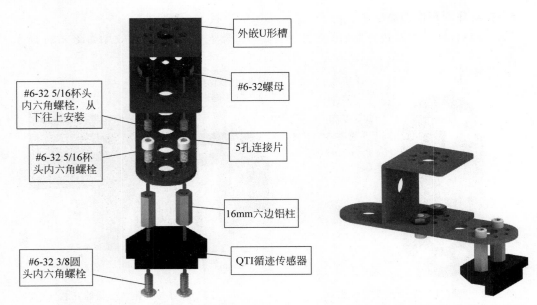

图 2-26　QTI 循迹传感器模块组装 1　　　　图 2-27　QTI 循迹传感器模块效果

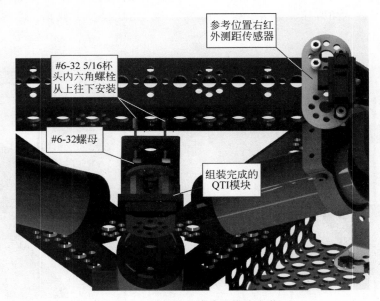

图 2-28　QTI 循迹传感器模块安装 2

8. 底板亚克力及陀螺仪安装

（1）取 1 块底板亚克力、1 个陀螺仪传感器、8 颗 M3×6 十字尼龙螺栓及 4 颗 M3×8 尼龙柱，按图 2-30 所示将陀螺仪传感器安装到底板亚克力上。

（2）取 6 颗♯6-32 5/16 杯头内六角螺栓、6 颗♯6-32 螺母，将安装好陀螺仪传感器的底板亚克力按图 2-31 和图 2-32 所示安装到机器人上。

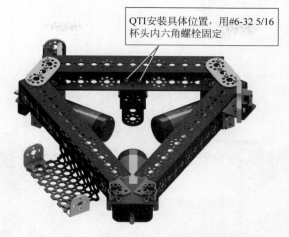

QTI安装具体位置，用#6-32 5/16杯头内六角螺栓固定

图 2-29　QTI循迹传感器模块安装 3

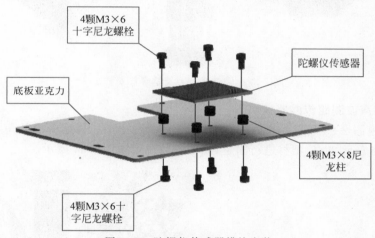

4颗M3×6十字尼龙螺栓

陀螺仪传感器

底板亚克力

4颗M3×8尼龙柱

4颗M3×6十字尼龙螺栓

图 2-30　陀螺仪传感器模块安装

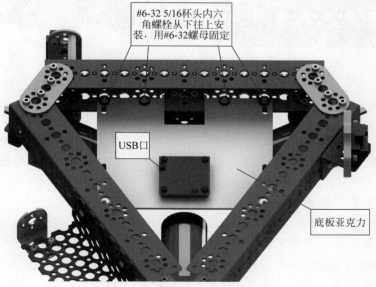

#6-32 5/16杯头内六角螺栓从下往上安装，用#6-32螺母固定

USB口

底板亚克力

图 2-31　底盘亚克力及陀螺仪安装 1

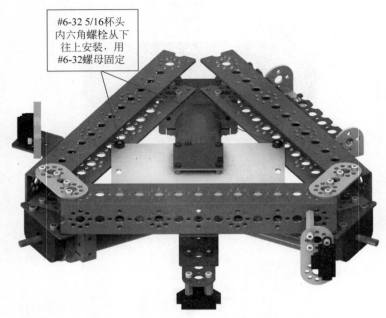

#6-32 5/16杯头内六角螺栓从下往上安装，用#6-32螺母固定

图 2-32　底盘亚克力及陀螺仪安装 2

9．安装超声波测距传感器模块

（1）取 1 根图 2-33 所示的特殊 160C 型材、2 颗♯6-32 5/16 杯头内六角螺栓以及 2 颗♯6-32 螺栓，与底盘 224C 型材进行固定，具体安装位置如图 2-34 所示。

特殊160C型材

加工过的孔位

#6-32 5/16杯头内六角螺栓，下面用#6-32螺母固定

图 2-33　加工了 2 孔的特殊 160C 型材　　　　图 2-34　特殊 160C 型材与底盘 224C 型材
　　　　　　　　　　　　　　　　　　　　　　　　　　　　　固定安装细节

（2）取 1 个外嵌 L 形角件、1 块 3 孔连接片、2 颗♯6-32 5/16 杯头内六角螺栓、2 颗♯6-32 螺母，按图 2-35 所示对超声波支架进行安装。

（3）重复步骤（2）把第二个超声波支架组装完成。

（4）取 1 根 4 孔方形条、1 颗♯6-32 5/16 杯头内六角螺栓、1 颗♯6-32 螺母，将组装完成的超声波支架按图 2-36 所示组装在机器人左侧。

（5）重复步骤（4）把机器人右侧超声波支架组装完成，如图 2-37 所示。

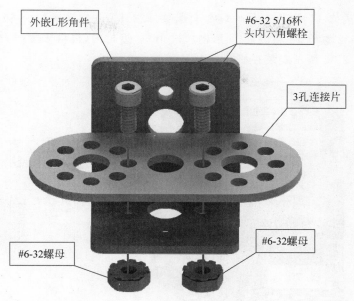

外嵌L形角件

#6-32 5/16杯
头内六角螺栓

3孔连接片

#6-32螺母

#6-32螺母

图 2-35　超声波支架安装

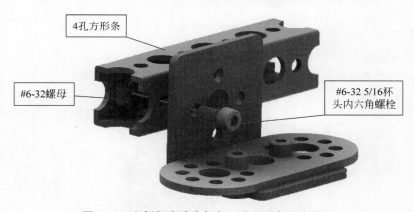

4孔方形条

#6-32螺母

#6-32 5/16杯
头内六角螺栓

图 2-36　左侧超声波支架与 4 孔方形条固定安装

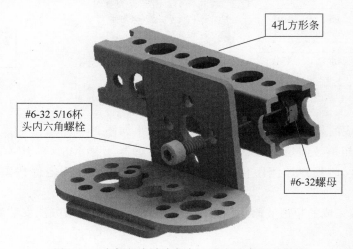

4孔方形条

#6-32 5/16杯
头内六角螺栓

#6-32螺母

图 2-37　右侧超声波支架与 4 孔方形条固定安装

（6）取 1 个内嵌 U 形槽、1 颗♯6-32 全螺纹×23.5mm 翼形螺钉、1 颗♯6-32 1-1/2 英寸螺栓、2 颗♯6-32 螺母，先将内嵌 U 形槽放进 160C 型材内，再将步骤（4）组装完成的左侧超声波支架按图 2-38 所示安装在机器人上。

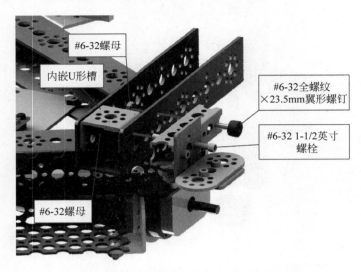

图 2-38　左侧超声波支架模块安装

（7）取 1 颗♯6-32 全螺纹×23.5mm 翼形螺钉、1 颗♯6-32 1-1/2 英寸螺栓、2 颗♯6-32 螺母将步骤（5）组装完成的右侧超声波支架按图 2-39 所示安装在机器人上。

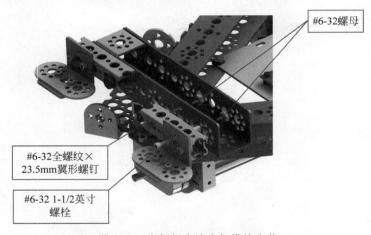

图 2-39　右侧超声波支架模块安装

（8）组装完成的超声波测距传感器支架模块效果如图 2-40 所示。

（9）取 1 个超声波固定架、一个超声波测距传感器、2 颗 M3×8 十字尼龙螺栓和 6 片 1mm 厚尼龙垫片，将超声波测距传感器与超声波测距传感器固定件按图 2-41 所示进行组装。

（10）将安装完成的超声波测距传感器固定件按图 2-42 所示方法安装到左侧超声波支架上。

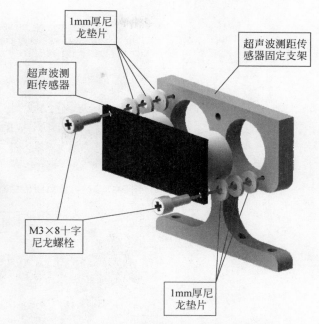

图 2-40　超声波测距传感器支架模块效果

图 2-41　超声波测距传感器与固定件组装

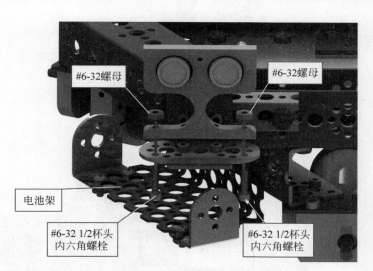

图 2-42　左侧超声波测距传感器组件模块安装

　　(11) 重复步骤(9)和(10)将右侧超声波测距传感器组件模块安装好,完成后整体效果如图 2-43 所示。

　　10. 安装欧米轮

　　(1) 移动管理系统直流电机编号及欧米轮编号(俯视移动管理系统,以超声波测距传感器下方的直流电机、欧米轮为 M1 电机、1 号轮子,顺时针分别是 M2 电机、2 号轮子、M3 电机、3 号轮子),如图 2-44 所示。

　　(2) 取一个欧米轮(自带 2 颗 M3 顶丝),按图 2-45 所示方法安装到直流电机上,其中 1 颗顶丝要与电机轴的切面成垂直安装,欧米轮嵌入电机轴大约离轴承固定座 2mm 处。

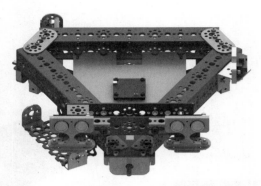

图 2-43　超声波测距传感器模块整体效果

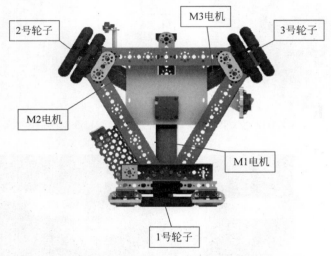

图 2-44　移动管理系统直流电机编号及欧米轮编号

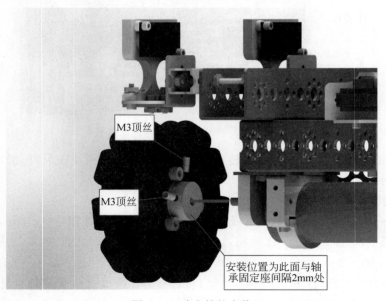

图 2-45　欧米轮的安装

（3）重复步骤（2），依次把 2 号、3 号轮子安装至 M2、M3 直流电机上。

（4）KNIGHT-N 机器人移动管理系统最终效果如图 2-46 所示。

图 2-46　KNIGHT-N 机器人移动管理系统最终效果

2.3　KNIGHT-N 目标管理系统的结构及装配

2.3.1　学习目标

（1）了解 KNIGHT-N 机器人目标管理系统的结构组成。

（2）掌握 KNIGHT-N 机器人目标管理系统的装配。

（3）掌握 KNIGHT-N 机器人目标管理系统与移动管理系统的连接安装。

2.3.2　学习任务

（1）根据工具清单选择正确的装配工具。

（2）根据安装步骤正确安装 KNIGHT-N 机器人的目标管理系统。

（3）根据安装步骤完成 KNIGHT-N 机器人的整体安装。

2.3.3　知识链接

1. KNIGHT-N 机器人目标管理系统的结构

如图 2-47 所示，KNIGHT-N 机器人目标管理系统由机身架构、升降结构和抓手结构组成。抓手结构是目标管理系统的重要组成部分，视觉系统安装在抓手结构的上端，抓取部分和搬运部分则安装在抓手结构的前端和下端；机身结构为升降结构，为抓手结构提供支撑，使机器人能够更好地实现目标的管理。KNIGHT-N 机器人的控制系统安装在机身的右侧，用于控制整台机器人的移动和目标管理系统。

2. KNIGHT-N 机器人目标管理系统装配工具

移动管理系统装配工具清单如表 2-4 所示。

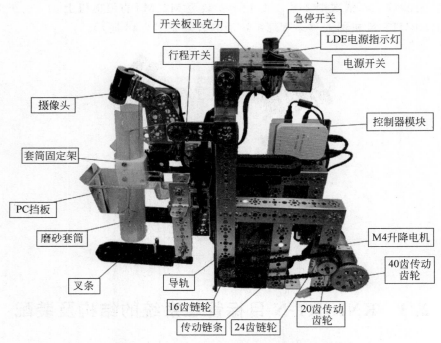

图 2-47 KNIGHT-N 机器人目标管理系统组成

表 2-4 移动管理系统装配工具清单

工　具　名　称	图　　片	数量	单位	备　　　注
公制六角扳手		1	套	
英制六角扳手		1	套	
7/64 英寸圆点六角器		1	把	
旋具		1	把	

3. KNIGHT-N 机器人目标管理系统材料清单

机械臂及抓手结构安装材料清单如表 2-5 所示。

表 2-5 机械臂及抓手结构安装材料清单

序号	材 料 名 称	图 片	数量	单位	备 注
1	416C 型材		2	根	
2	176C 型材		2	根	
3	160C 型材		8	根	
4	内嵌 U 形槽		9	个	
5	内嵌 L 形角件		2	个	
6	外嵌 L 形角件		4	个	

续表

序号	材料名称	图片	数量	单位	备注
7	外嵌U形槽		2	个	
8	3孔连接片		20	片	
9	5孔连接片		3	片	
10	圆孔片		2	片	
11	银色电机座		1	套	
12	直流电机		1	个	
13	80齿齿轮		1	个	
14	40齿齿轮		1	个	

续表

序号	材料名称	图　片	数量	单位	备　注
15	M6 轴毂		6	个	
16	M6 轴		3	根	
17	24 齿链轮		1	个	
18	16 齿链轮		1	个	
19	M6 铜套		6	个	
20	不带轴承同步轮		1	个	
21	黑鹰板固定亚克力		1	块	

序号	材料名称	图片	数量	单位	备注
22	MyRIO 固定亚克力		1	块	
23	AB 驱动板固定亚克力		2	块	
24	开关板亚克力		1	块	
25	驱动板		2	块	
26	黑鹰板		1	块	
27	MyRIO		1	个	
28	X-HUB		1	个	

序号	材 料 名 称	图　片	数量	单位	备　注
29	5G 路由器		1	个	
30	32mm 六边铝柱		4	根	
31	800mm 长同步带		1	条	
32	22 节坦克链		1	条	
33	20 节坦克链		1	条	
34	带轴承同步轮		1	个	
35	M6 指推环		2	个	
36	特殊 5 孔连接片（固定行程开关）		1	片	

序号	材料名称	图　片	数量	单位	备　注
37	行程开关		1	个	
38	5孔扁条		2	根	
39	372导轨(带滑块)		2	套	
40	243导轨(带滑块)		1	套	
41	144角束		1	根	
42	90角束		1	根	
43	128齿条		1	根	
44	106齿条		1	根	

序号	材 料 名 称	图　片	数量	单位	备　注
45	特 殊 160C 型 材（滑块部分）		2	根	
46	特殊外嵌 L 形角件（滑块部分）		1	个	
47	785 舵机固定架		1	个	
48	舵机连接器		3	个	
49	套筒固定件连接钢条		1	根	
50	小舵机支架		3	片	

序号	材 料 名 称	图　　片	数量	单位	备　　注
51	3 孔支撑件		1	片	
52	摄像头固定钣金件		1	套	
53	摄像头		1	个	
54	3D 打印套筒固定件		1	个	
55	磨砂套筒		1	个	
56	64mm 长 M4 轴		2	根	
57	50mm 长 M4 轴		2	根	

续表

序号	材料名称	图片	数量	单位	备注
58	M4 铜套		8	个	
59	M4 指推环		8	个	
60	上翘垫片		2	片	
61	叉条		1	套	
62	PC 挡板		1	套	
63	螺纹圆垫圈		2	个	
64	♯6-32 5/16 杯头内六角螺栓		140	颗	
65	♯6-32 3/8 圆头内六角螺栓		73	颗	

序号	材 料 名 称	图　片	数量	单位	备　注
66	♯6-32 1/2 杯头内六角螺栓		44	颗	
67	♯6-32 3/4 杯头内六角螺栓		2	颗	
68	♯6-32 螺母		200	颗	
69	M3×10+6mm 铜柱		12	颗	
70	M3×8 平头内六角螺栓		16	颗	
71	M3×12 平头内六角螺栓		4	颗	
72	M3×5 杯头内六角螺栓		12	颗	
73	M3×16 杯头内六角螺栓		2	颗	
74	M3 法兰螺母		8	颗	
75	M3 六边螺母		4	颗	
76	M3×8 自攻螺钉		3	颗	
77	785 舵机		1	个	

续表

序号	材 料 名 称	图　片	数量	单位	备　注
78	485 舵机		1	个	
79	1425 舵机		1	个	
80	电源开关		2	个	
81	急停开关		1	个	
82	点动开关		1	个	
83	LED 灯（绿）		1	个	
84	LED 灯（红）		1	个	

序号	材料名称	图片	数量	单位	备注
85	带牛角座灰排线		2	根	
86	54cm 舵机延长线		1	根	
87	92cm 舵机延长线		2	根	
88	网线		1	根	
89	多股纤维编织绳	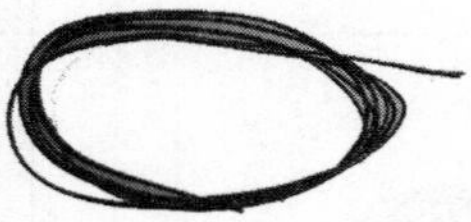	8	段	
90	38 节链条		1	条	

2.3.4　过程讲解

目标管理系统安装流程如图 2-48 所示。

图 2-48　目标管理系统安装流程

1. KNIGHT-N 机器人机身架构的安装

（1）取 2 个内嵌 U 形槽、2 根 416C 型材、8 颗♯6-32 5/16 杯头内六角螺栓、4 颗♯6-32 3/8 圆头内六角螺栓、12 颗♯6-32 螺母。

（2）按图 2-49 所示方法，使用 4 颗♯6-32 5/16 杯头内六角螺栓和 4 颗♯6-32 螺母将 2 个内嵌 U 形槽固定安装到底盘上，注意螺钉先不要完全拧紧。

图 2-49　内嵌 U 形槽与底盘连接安装

（3）按图 2-50 所示方法将 2 根 416C 型材分别套在步骤（2）已安装好的内嵌 U 形槽上，接着参考图 2-50 所示使用相关螺栓、螺母进行固定，然后调整 416C 型材与底盘 224C 型材平齐，最后将安装内嵌 U 形槽时未拧紧的螺钉拧紧；这样才能保证后面安装的导轨可以紧贴在 C 型材上。

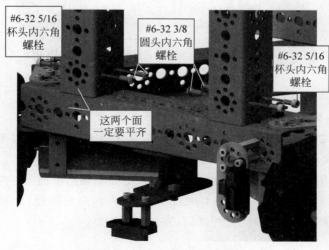

图 2-50　型材与底盘连接安装

（4）取 2 个内嵌 U 形槽、1 根 160C 型材、2 个 M6 铜套、1 根 M6 轴、1 个带轴承同步轮、1 个 M6 轴毂、2 个 M6 指推环、8 颗♯6-32 5/16 杯头内六角螺栓、4 颗♯6-32 3/8 圆头内六角螺栓、12 颗♯6-32 螺母。

（5）如图 2-51 所示（图片所示左侧实际为描述中的右侧），将两根 160C 型材连接安装，安装步骤如下。

① 先将 1 个内嵌 U 形槽嵌入左侧 416C 型材。

② 将 M6 铜套装进左侧 416C 型材的第一个大孔中（从上往下数）。

③ 拧紧螺栓将内嵌 U 形槽固定在左侧 416C 型材上。

④ 取 1 根 M6 轴穿过左侧已安装完成的铜套。

⑤ 取 1 个 M6 轴毂固定在穿过铜套的 M6 轴外侧轴上，1 个指推环固定在 M6 轴内侧轴上，防止 M6 轴左右滑动。

⑥ 取 1 个带轴承同步轮套进 M6 轴中，然后再取 1 个指推环固定在带轴承同步轮的外侧，防止同步轮左右滑动。

⑦ 将 1 个内嵌 U 形槽嵌入右侧 416C 型材并拧紧螺栓固定。

⑧ 取 1 根 160C 型材，用♯6-32 5/16 杯头内六角螺栓与嵌套在两根 416C 型材内的内嵌 U 形槽进行连接固定安装，具体按图 2-51 所示方法安装。

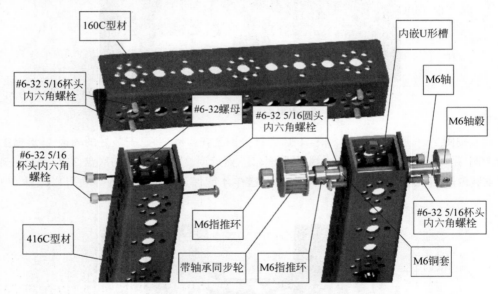

图 2-51　两根 416C 型材连接安装

2. 安装 372 升降导轨

取 1 套 372 导轨（带 2 个滑块）、4 颗♯6-32 5/16 杯头内六角螺栓、1 颗♯6-32 1/2 杯头内六角螺栓、5 颗♯6-32 螺母，按图 2-52 所示方法进行安装。先将 372 导轨紧贴住左边 416C 型材，然后使用♯6-32 1/2 杯头内六角螺栓从底盘铝型材里面向外穿出再从导轨最下面的孔位穿过后固定。其他孔位均为♯6-32 5/16 杯头内六角螺栓，从外向里固定安装到 416C 型材上。注意螺栓先不要完全拧紧，以方便后面调整。

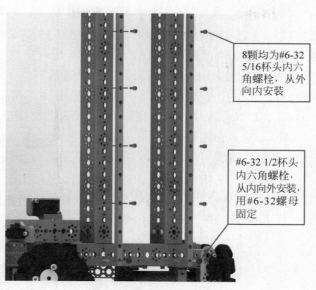

图 2-52　372 升降导轨安装

3．安装左侧和右侧框架

（1）取 1 根 160C 型材、1 个外嵌 L 形角件、1 块驱动板固定亚克力、2 颗♯6-32 5/16 杯头内六角螺栓、2 颗♯6-32 3/8 圆头内六角螺栓、4 颗♯6-32 螺母，按图 2-53 所示方法进行安装。先将驱动板固定亚克力安装到 160C 型材的内侧，用♯6-32 3/8 圆头内六角螺栓固定，接着用♯6-32 5/16 杯头内六角螺栓将外嵌 L 形角件固定安装到 160C 型材上。

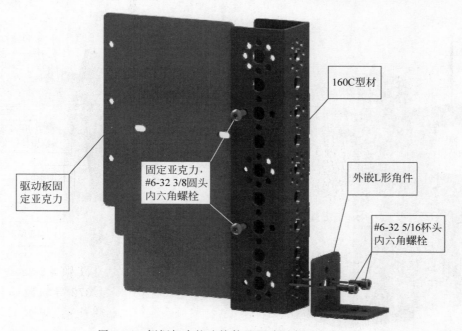

图 2-53　侧框架中柱连接件及驱动固定亚克力组装

（2）重复步骤（1）将另一根侧框架中柱也组装完成。

（3）取 6 片 3 孔连接片、1 根 174C 型槽、1 根 160C 型材、1 根步骤（1）组装完成的侧框架中柱、1 片 5 孔连接片、1 个电机固定座、2 颗♯6-32 1/2 杯头内六角螺栓、21 颗♯6-32 5/16 杯头内六角螺栓、22 颗♯6-32 螺母，按以下步骤安装完成左侧框架。

① 如图 2-54 所示，将 2 片 3 孔连接片与 174C 型材连接安装。

② 如图 2-55 所示，将 2 片 3 孔连接片与步骤（1）组装完成的中柱 160C 型材固定安装。

③ 取 1 根 160C 型材，2 片 3 孔连接片，如图 2-56 所示固定安装。

④ 如图 2-57 所示，将 5 孔连接片及电机固定座固定在第③步组装完成的 160C 型材上。

⑤ 取图 2-58 和图 2-59 所示规格的螺栓，将左侧框架安装到机器人上。

⑥ 按图 2-60 所示，将电机座底部与机器人底盘进行连接安装。

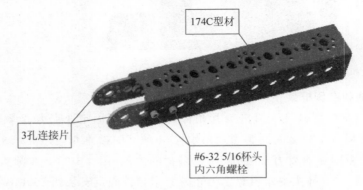

图 2-54　左侧框架组装

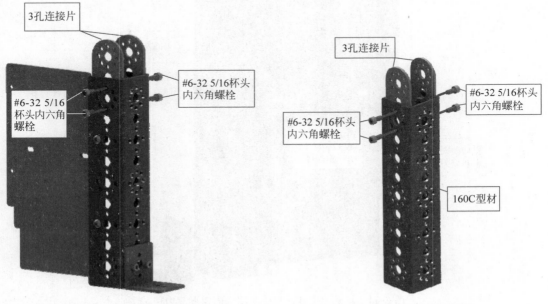

图 2-55　左侧框架组装　　　　　　　图 2-56　左侧框架组装

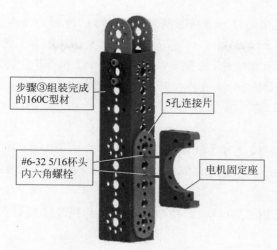

步骤③组装完成的160C型材

5孔连接片

#6-32 5/16杯头内六角螺栓

电机固定座

图 2-57　左侧框架组装

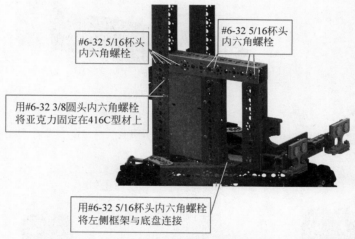

#6-32 5/16杯头内六角螺栓

#6-32 5/16杯头内六角螺栓

用#6-32 3/8圆头内六角螺栓将亚克力固定在416C型材上

用#6-32 5/16杯头内六角螺栓将左侧框架与底盘连接

图 2-58　左侧框架组装左侧螺栓规格

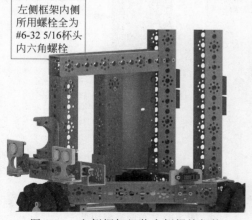

左侧框架内侧所用螺栓全为#6-32 5/16杯头内六角螺栓

图 2-59　左侧框架组装内侧螺栓规格

#6-32 5/16杯头内六角螺栓，借用尖嘴钳安装

图 2-60　左侧框架与电机座底部固定组装

（4）取 6 片 3 孔连接片、1 根 174C 型槽、1 根 160C 型材、1 根步骤（1）组装完成的侧框架中柱、1 片圆孔片、10 颗♯6-32 5/16 杯头内六角螺栓、10 颗♯6-32 3/8 圆头内六角螺栓、2 颗♯6-321 /2 杯头内六角螺栓、22 颗♯6-32 螺母，按以下步骤安装完成右侧框架。

① 如图 2-61 所示，将 2 片 3 孔连接片与 174C 型材连接安装。

② 如图 2-62 所示，将 2 片 3 孔连接片与步骤（2）组装完成的中柱 160C 型材固定安装。

③ 取 1 根 160C 型材，2 片 3 孔连接片，如图 2-63 所示固定安装。

④ 将步骤①～③组装完成的右侧框架部分按图 2-64 和图 2-65 所示方法安装到机器人上。

⑤ 取 1 片圆孔片，用 2 颗♯6-321/2 杯头内六角螺栓及 2 颗♯6-32 螺母按 2-66 所示方法进行连接安装。

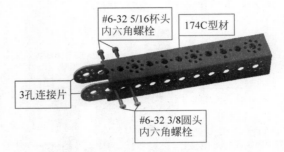

图 2-61　右侧框架组装

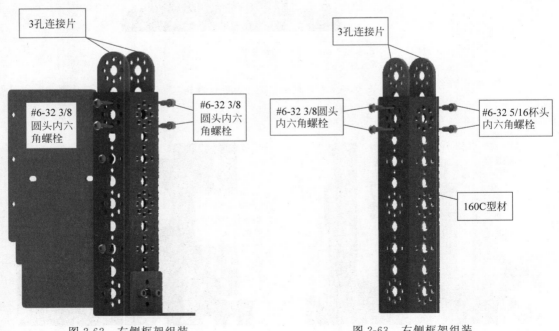

图 2-62　右侧框架组装　　　　　　图 2-63　右侧框架组装

右框架右侧所用均为#6-32 5/16杯头内六角螺栓

#6-32 5/16杯头内六角螺栓

图 2-64　右侧框架组装右侧螺栓规格

右框架左侧所用均为#6-32 3/8圆头内六角螺栓

把亚克力固定在416C型材上，用#6-32 3/8圆头内六角螺栓

图 2-65　右侧框架组装左侧螺栓规格

#6-32 1/2杯头内六角螺栓

圆孔垫片

图 2-66　右侧框架组装

16齿链轮

4颗均为#6-32 1/2杯头内六角螺栓

M6轴毂

图 2-67　齿链轮与 M6 轴毂固定安装

4．安装升降结构

（1）取 1 个 16 齿链轮、1 个 M6 轴毂、1 根 M6 轴、2 个 M6 铜套、1 个不带轴承同步轮、4 颗♯6-32 5/16 杯头内六角螺栓。

（2）按图 2-67 和图 2-68 所示方法先将 16 齿链轮与 M6 轴毂固定安装，然后装入 M6 轴。

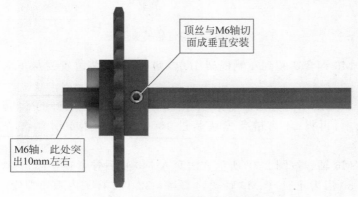

顶丝与M6轴切面成垂直安装

M6轴，此处突出10mm左右

图 2-68　将 16 齿链轮装入 M6 轴

　　（3）按图 2-69 所示将 2 个 M6 铜套嵌入左侧 416C 型材上,安装位置为左侧 416C 型材从下向上数第 3 个大孔处;将步骤(2)安装完成的 16 齿链轮模块穿过 M6 铜套,并装上不带轴承同步轮,然后拧紧同步轮的顶丝将其固定。

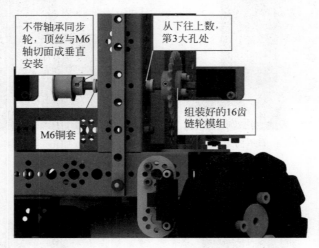

图 2-69　16 齿链轮模组安装

　　（4）取 1 个 24 齿链轮、1 个 M6 轴毂、1 个 40 齿齿轮、1 根 M6 轴、2 颗♯6-32 3/4 杯头内六角螺栓,按图 2-70 所示方法组装。

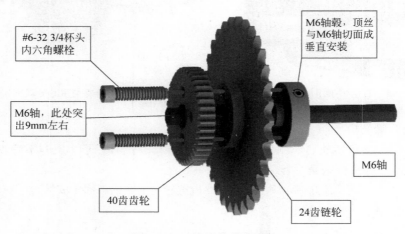

图 2-70　24 齿链轮模块组装

　　（5）取 2 个 M6 铜套塞装到左侧框架 160C 型材上,安装位置为从下向上数第 5 大孔,如图 2-71 所示。

　　（6）按如图 2-72 所示的方法取 1 条 38 节闭合的链条和组装好的 24 齿链条模块,先将链条套在两链轮上,再将 24 齿链条模块装进 160C 型材的 M6 铜套内,安装好链条传动模组。

　　（7）取 1 个 M6 轴毂按图 2-73 所示方法套入 M6 轴后拧紧顶丝固定。

　　（8）取 1 个 80 齿齿轮、1 个 M6 轴毂、4 颗♯6-32 1/2 杯头内六角螺栓按图 2-74 所示方法组装。

图 2-71　24 齿链轮 M6 铜套安装

图 2-72　链条传动模组安装

图 2-73　用 M6 轴毂固定安装 24 齿链轮模块

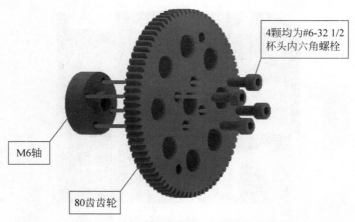

图 2-74　80 齿齿轮与 M6 轴毂固定组装

（9）取 1 个直流电机，按图 2-75 所示方法将步骤（8）组装好的 80 齿齿轮组装到直流电机轴上。

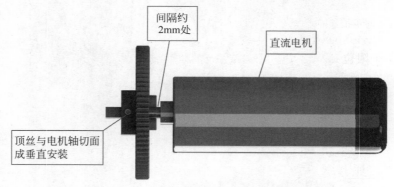

图 2-75　80 齿齿轮与直流电机组装

（10）将直流电机放到电机固定座上，将电机固定座配套的半弧形座盖装上，螺栓不拧紧，然后用手握住直流电机慢慢转动直至 80 齿齿轮与 40 齿齿轮啮合后将螺栓拧紧。完成效果如图 2-76 所示。

图 2-76　80 直流电机安装及齿轮啮合效果

（11）取 1 条 800mm 同步带、1 块 5 孔连接片、2 颗 ♯6-32 1/2 杯头内六角螺栓，按图 2-77 和图 2-78 所示方法将同步带套在两个同步轮上，再将同步带两头呈封闭型固定在 5 孔连接片上。

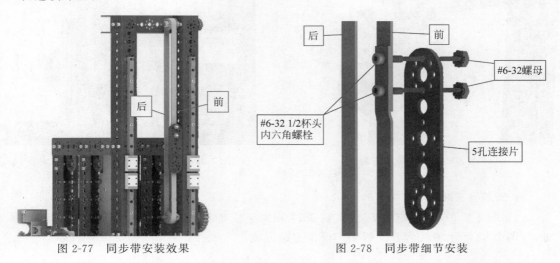

图 2-77　同步带安装效果　　　　　　　图 2-78　同步带细节安装

（12）取 1 个限位开关、1 片 5 孔连接片、1 个外嵌 U 形槽、2 颗 M3×16 杯头内六角螺栓、2 颗 M3 法兰螺母、2 颗 ♯6-32 5/16 杯头内六角螺栓、2 颗 ♯6-32 1/2 螺母，按图 2-79 所示组装好限位模块。

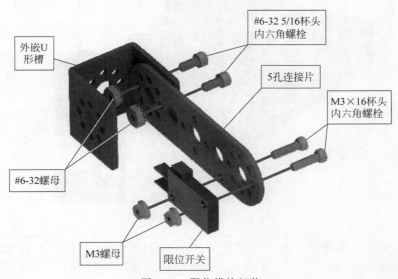

图 2-79　限位模块组装

（13）取 2 颗 ♯6-32 5/16 杯头内六角螺栓、2 颗 ♯6-32 螺母，按图 2-80 所示方法将限位模块安装到机器人左侧 416C 型材上，安装位置为左侧 416C 型材从上向下数第 5 大孔处。

（14）取 1 个外嵌 L 形角件、2 颗 ♯6-32 5/16 杯头内六角螺栓安装在右侧 416C 型材从下向上数第 3 大孔处，如图 2-81 所示。

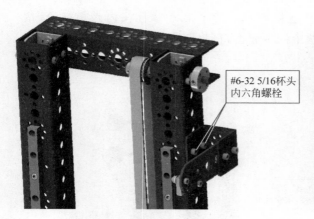

图 2-80　限位模块安装

图 2-81　上下坦克链固定位置角件安装

5. 安装开关板模块

（1）取 1 根 160C 型材、2 根 5 孔扁条、4 颗♯6-32 3/8 圆头内六角螺栓、4 颗♯6-32 螺母，按图 2-82 所示方法将开关板固定框架组装完成。

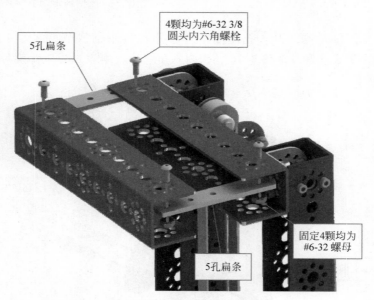

图 2-82　开关板固定框架安装

（2）取 1 块开关板亚克力、2 个电源开关、1 个 LED 灯（绿）、1 个 LED 灯（红）、1 个急停开关、1 个点动按钮、4 颗♯6-32 3/8 圆头内六角螺栓、4 颗♯6-32 螺母，按图 2-83 和图 2-84 所示先将元件装到开关板亚克力上，再把开关板亚克力安装到开关板固定框架上。

6. 组装抓取结构

（1）取 1 根特殊 160C 型材（滑块部分）、4 颗 M3×5 杯头内六角螺栓，按图 2-85 所示借助 2 根 160C 型材做辅助，先将 4 颗 M3×5 杯头内六角螺栓分别装到左、右滑块上后再拧紧。

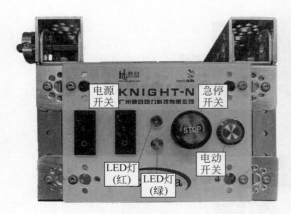

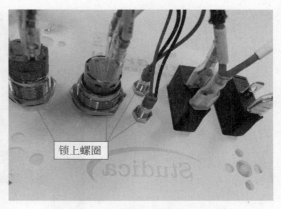

图 2-83　元件固定位置及开关板模块效果　　　　图 2-84　开关板模块元器件背部安装

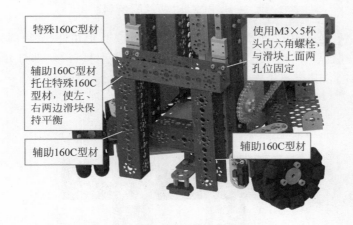

图 2-85　160C 型材与下滑块固定安装

（2）如图 2-86 所示移动步骤（1）固定好的 160C 型材至导轨最下方螺栓的上方后，将未拧紧的导轨螺栓拧紧；如图 2-87 所示将 160C 型材移至导轨最上方螺栓的下方后，将未拧紧的导轨螺栓拧紧，最后将剩余所有未拧紧的导轨螺栓拧紧。

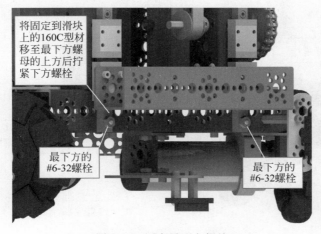

图 2-86　固定最下方螺栓

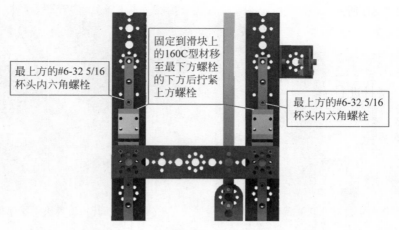

图 2-87　固定最上方及所有螺栓

（3）取 4 块 3 孔连接片、1 个 M6 轴毂、1 个特殊外嵌 L 形角件（滑块部分）、10 颗♯6-32 5/16 杯头内六角螺栓、8 颗♯6-32 螺母与 1 根特殊 160C 型材（滑块部分）组装。只将固定 L 形角件的螺栓拧紧，其余螺栓先不拧紧，按图 2-88 和图 2-89 所示安装。

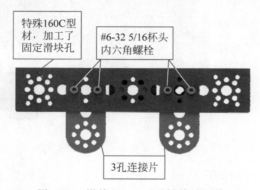

图 2-88　滑块上 160C 型材前面组装

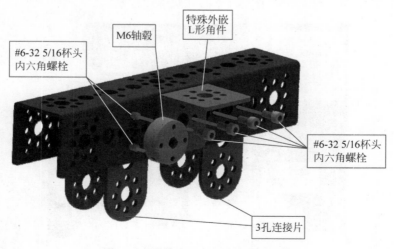

图 2-89　滑块上 160C 型材后面组装

（4）如图2-90所示，取4颗M3×5杯头内六角螺栓将步骤（3）组装好的160C型材固定到上滑块（注意特殊外嵌L形角件朝里），先将4颗M3×5杯头内六角螺栓分别装到左、右滑块后再拧紧。

（5）取8颗♯6-32 5/16杯头内六角螺栓、8颗♯6-32螺母按图2-91所示方法将上、下两根160C型材进行连接固定。前、后螺栓安装位置一样，将所有螺栓安装后再依次拧紧。

图2-90　160C型材与上滑块固定安装

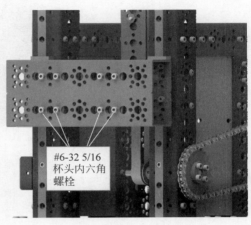

图2-91　上、下两根滑块160C型材固定连接

（6）取2颗♯6-32 5/16杯头内六角螺栓，按图2-92所示方法将升降同步带与固定在滑块上的160C型材（抓手模块）进行连接安装。

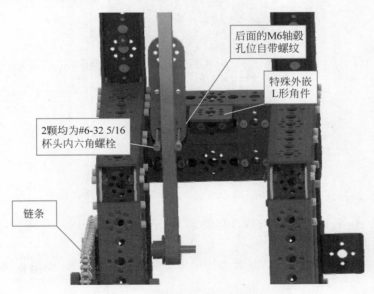

图2-92　升降同步带与抓手模块连接安装

（7）取1个785舵机固定架、1个内嵌U形槽、1个外嵌U形槽、2颗♯6-32 5/16杯头内六角螺栓、4颗♯6-32 3/8圆头内六角螺栓、6颗♯6-32螺母，按图2-93所示方法安装伸

缩舵机固定模块。

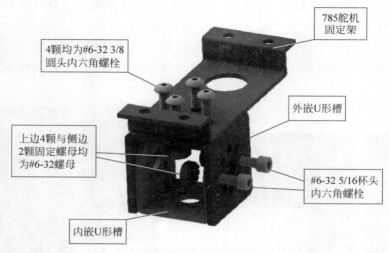

4颗均为#6-32 3/8
圆头内六角螺栓

785舵机
固定架

外嵌U形槽

上边4颗与侧边
2颗固定螺母均
为#6-32螺母

#6-32 5/16头
内六角螺栓

内嵌U形槽

图 2-93　伸缩舵机固定模块安装

（8）取 1 个 785 舵机、4 颗 #6-32 1/2 杯头内六角螺栓、4 颗 #6-32 螺母，按图 2-94 所示将 785 舵机安装到伸缩舵机固定模块上。

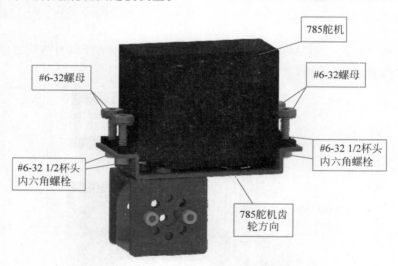

785舵机

#6-32螺母

#6-32螺母

#6-32 1/2杯头
内六角螺栓

#6-32 1/2头
内六角螺栓

785舵机齿
轮方向

图 2-94　将 785 舵机安装到伸缩舵机固定模块上

（9）取 1 个 40 齿齿轮、1 个舵机连接器、4 颗 M3×12 平头内六角螺栓、4 颗 M3 螺母，按图 2-95 所示进行组装。

说明：舵机连接器一定要在 40 齿齿轮圆中位置再将螺栓拧紧，如不在圆中位置则需要调至圆中位置。

（10）取 1 颗 M3×8 自攻螺栓，按图 2-96 所示方法将步骤（9）组装好的齿轮固定到 785 舵机上。

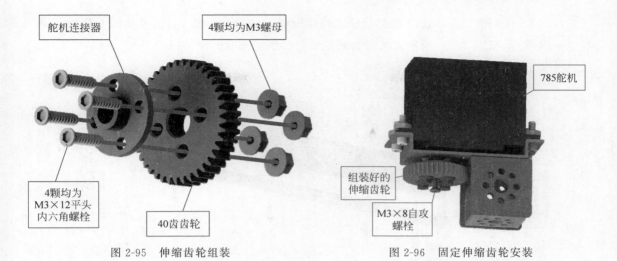

图 2-95 伸缩齿轮组装

图 2-96 固定伸缩齿轮安装

（11）取 2 颗♯6-32 3/8 圆头内六角螺栓、2 颗♯6-32 螺母，按图 2-97 和图 2-98 所示将组完成的 785 伸缩舵机模块固定到 160C 型材上。

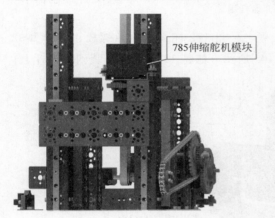

图 2-97 785 伸缩舵机模块安装效果

图 2-98 785 伸缩舵机模块安装孔位细节

（12）取 1 根 144 角束、1 根 90 角束、1 根 128 齿条、1 根 106 齿条、1 片圆孔片、5 颗♯6-32 5/16 杯头内六角螺栓、1 颗♯6-32 3/8 圆头内六角螺栓，按图 2-99 所示进行组装。

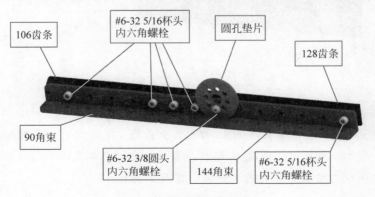

图 2-99 部分伸缩杆组装

（13）取 1 套 243 导轨、1 根套筒固定件连接钢条、4 颗♯6-32 1/2 杯头内六角螺栓、2 颗♯6-32 螺母，按图 2-100 所示方法安装到步骤（12）组装完成的伸缩杆上。

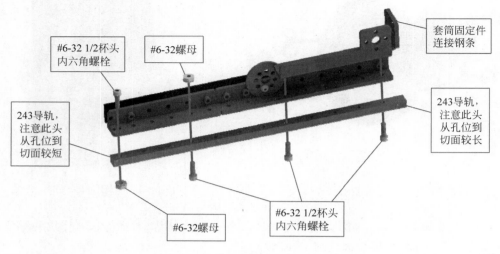

图 2-100　完整伸缩杆组装

（14）取 1 个 1425 舵机、2 片小舵机支架、4 颗♯6-32 1/2 杯头内六角螺栓、4 颗♯6-32 5/16 杯头内六角螺栓、4 颗♯6-32 螺母，按图 2-101 所示方法将 1425 舵机安装到伸缩杆上。

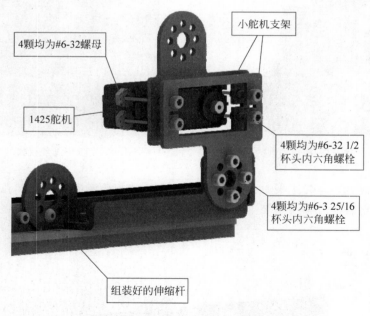

图 2-101　1425 抓取舵机组装

注意：1425 舵机的齿轮应靠前安装（看图区分齿轮安装方向），切勿装反。

（15）取 1 个 485 舵机、1 片小舵机支架、4 颗♯6-32 1/2 杯头内六角螺栓、4 颗♯6-32 螺母，按图 2-102 所示方法将 485 舵机组装到小舵机支架上。

注意：485 舵机的齿轮应靠后安装（看图区分齿轮安装方向），切勿装反。

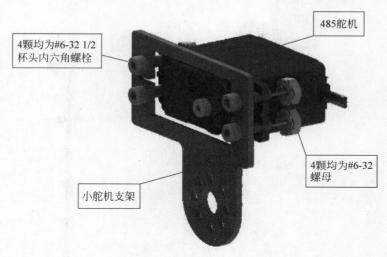

图 2-102　485 摄像头舵机组装

　　（16）取 2 片 3 孔连接片、1 片 3 孔支撑片、6 颗♯6-32 1/2 杯头内六角螺栓、6 颗♯6-32 螺母，按图 2-103 所示方法将步骤（14）组装完成的 1425 舵机部分与步骤（15）组装完成的 485 舵机部分进行连接安装。

　　注意：看图分清 485 舵机部分的安装方向，切勿装反。

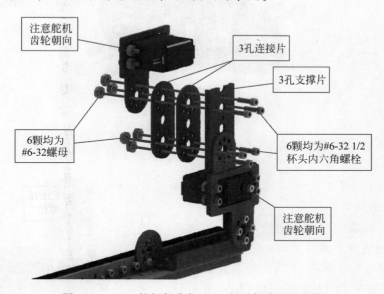

图 2-103　485 舵机部分与 1425 舵机部分连接安装

　　（17）取 1 个 3D 打印套筒固定件，按图 2-104 所示方法安装到伸缩杆上。

　　（18）取 1 个舵机连接器、1 片 5 孔连接片、4 颗 M3×8 平头内六角螺栓、4 颗 M3 六边螺母，按图 2-105 所示组装好下层绳子拉扯件。

　　注意：看图注释分清 5 孔连接片的光滑面与粗糙面的安装位置。

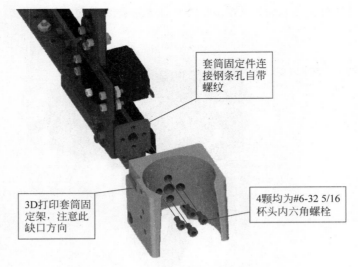

套筒固定件连接钢条孔自带螺纹

3D打印套筒固定架，注意此缺口方向

4颗均为#6-32 5/16杯头内六角螺栓

图 2-104　3D 打印套筒固定件安装

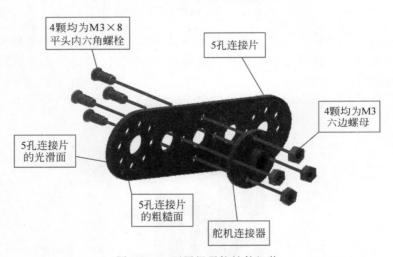

4颗均为M3×8平头内六角螺栓

5孔连接片

5孔连接片的光滑面

4颗均为M3六边螺母

5孔连接片的粗糙面

舵机连接器

图 2-105　下层绳子拉扯件组装

说明：① 注意看图注释，分清 5 孔连接片的光滑面与粗糙面的安装位置。

② 舵机连接器的中心应尽可能与 5 孔连接片中心一致，如有偏移需调整。

（19）按图 2-106 所示方法，将组装完成的下层绳子拉扯件安装到 1425 舵机齿轮上，用 1 颗 M3×8 自攻螺栓拧紧固定。

（20）取 1 个摄像头、1 套摄像头固定架、4 颗 M3×8 平头内六角螺栓，按图 2-107 所示进行组装。

（21）取 1 个舵机连接器、2 块 3 孔连接片、

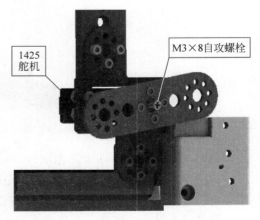

1425舵机

M3×8自攻螺栓

图 2-106　下层绳子拉扯件固定安装

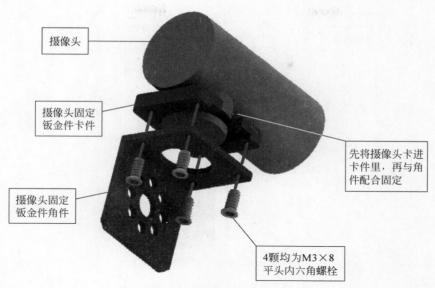

摄像头

摄像头固定
钣金件卡件

摄像头固定
钣金件角件

先将摄像头卡进
卡件里，再与角
件配合固定

4颗均为M3×8
平头内六角螺栓

图 2-107　摄像头与固定架组装

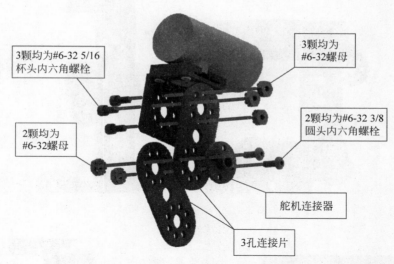

3颗均为#6-32 5/16
杯头内六角螺栓

3颗均为
#6-32螺母

2颗均为#6-32 3/8
圆头内六角螺栓

2颗均为
#6-32螺母

舵机连接器

3孔连接片

图 2-108　视觉支架组装

3 颗♯6-32 5/16 杯头内六角螺栓、2 颗♯6-32 3/8 圆头内六角螺栓、5 颗♯6-32 螺母，按
图 2-108 所示进行组装。

（22）将步骤(21)组装完成的视觉支架按图 2-109 和图 2-110 所示用 1 颗 M3×8 自攻
螺栓固定到 485 舵机上。

说明：安装后的摄像头应既能垂直于地面也能平行于地面，如图 2-109 所示，如不行则
需转动 485 舵机齿轮进行调整。

（23）按图 2-111 所示将组装完成的伸缩杆安装到 160C 型材及 L 形角件上，滑块的螺
栓安装孔位为前面两孔。

（24）按图 2-112 所示取 1 个套筒塞进套筒固定架内，用 4 颗♯6-32 3/8 圆头内六角螺
栓将套筒固定在套筒固定架上。

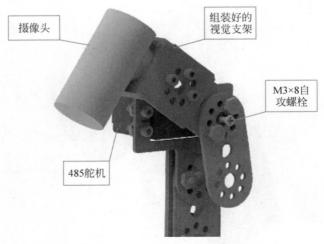

图 2-109　视觉支架固定安装

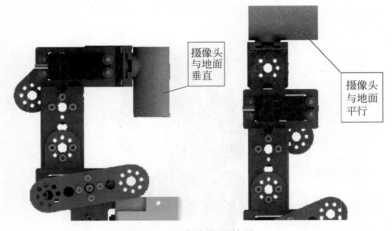

图 2-110　摄像头位置效果

图 2-111　抓手结构固定安装

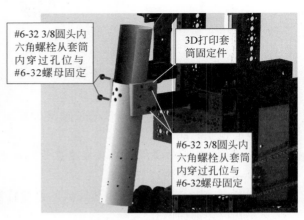

图 2-112　套筒安装

（25）按照以下步骤安装绳子。

① 将绳子打一个活结，方法如下。

a. 取一段绳子按图 2-113 中 A 和 B 所示呈交错状。

b. 将 A 头围 B 绕一圈，如图 2-114 所示。

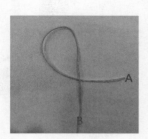

图 2-113　绑绳第 1 步示意图

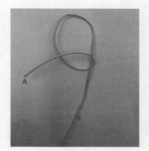

图 2-114　绑绳第 2 步示意图

c. 将 A 头穿过打好的小圈，如图 2-115 所示。

d. 拉紧 A 头打一个活结就完成了，B 绳可拉扯将物体套紧，如图 2-116 和图 2-117 所示。

图 2-115　绑绳第 3 步示意图

图 2-116　绑绳效果 1

② 安装绳子。套筒孔位如图 2-118 至图 2-120 所示。

图 2-117　用绳子绑住物体

图 2-118　套筒孔位图 1

图 2-119　套筒孔位图 2

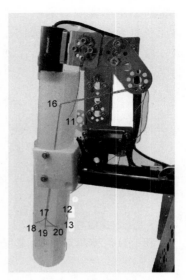

图 2-120　套筒孔位图 3

a．取一段约 600mm 的多股纤维编织绳,参照上述套筒孔位图,将绳子从 1 孔穿进,2 孔穿出,3 孔穿进,在 4 孔与 5 孔之间缠绕 3 圈,然后按上述绑绳方法打结,即可完成第一层第一段绳子的安装。

b．取一段约 600mm 的多股纤维编织绳,参照上述套筒孔位图,将绳子从 6 孔穿进,7 孔穿出,8 孔穿进,如图 2-121 所示,套住步骤 a 安装好的绳子按上述绑绳方法打结,即可完成第一层第二段绳子的安装。

c．取一段约 600mm 的多股纤维编织绳,参照上述套筒孔位图,将绳子从 6 孔穿进,7 孔穿出,9 孔穿进,如图 2-121 所示,套住步骤 a 安装好的绳子按上述绑绳方法打结,即可完成第一层第三段绳子的安装。

d．取一段约 600mm 的多股纤维编织绳,参照上述套筒孔位图,将绳子从 6 孔穿进,7 孔穿出,10 孔穿进,如图 2-121 所示,套住步骤 a 安装好的绳子按上述绑绳方法打结,即可完成第一层第四段绳子的安装

e．进行到此已完成第一层绳子的安装,效果如图 2-121 所示。

f．取一段约 600mm 的多股纤维编织绳,参照上述套筒孔位图,将绳子从 11 孔穿进,12 孔穿出,13 孔穿进,在 14 孔与 15 孔之间缠绕 3 圈,然后按上述绑绳方法打结,即可完成第二层第一段绳子的安装。

g．取一段约 600mm 的多股纤维编织绳,参照上述套筒孔位图,将绳子从 16 孔穿进,17 孔穿出,18 孔穿进,如图 2-122 所示,套住步骤 f 安装好的绳子按上述绑绳方法打结,即可完成第二层第二段绳子的安装。

h．取一段约 600mm 的多股纤维编织绳,参照上述套筒孔位图,将绳子从 16 孔穿进,17 孔穿出,19 孔穿进,如图 2-122 所示,套住步骤 f 安装好的绳子按上述绑绳方法打结,即可完成第二层第三段绳子的安装。

i．取一段约 600mm 的多股纤维编织绳,参照上述套筒孔位图,将绳子从 16 孔穿进,17 孔穿出,20 孔穿进,如图 2-122 所示,套住步骤 f 安装好的绳子按上述绑绳方法打结,即

可完成第二层第四段绳子的安装。

　　j. 进行到此已完成第一层、第二层绳子的安装,效果如图 2-121 和图 2-122 所示。

图 2-121　第 1 层绳子绑后效果

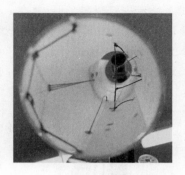

图 2-122　第 2 层绳子绑后效果

　　(26) 按下列步骤将捆绑好的两层绳子固定到机器人拉扯件上。

　　① 取 2 颗♯6-32 3/8 圆头内六角螺栓、2 颗♯6-32 螺母,把第 1 层绳子按图 2-123 所示固定到下层绳子的拉扯件上。

　　注意:单根绳子需穿过拉扯件孔缠绕 7～8 圈,3 根绳子需穿过拉扯件孔缠绕 3～4 圈。

　　② 取 2 颗♯6-32 3/8 圆头内六角螺栓、2 颗♯6-32 螺母,把第 2 层绳子按图 2-124 所示固定到视觉支架上。

　　注意:单根绳子需穿过视觉支架孔缠绕 7～8 圈,3 根绳子需穿过视觉支架孔缠绕 3～4 圈。

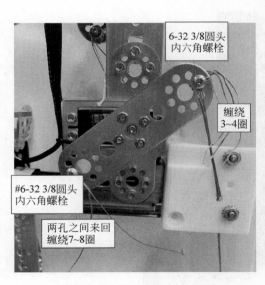

图 2-123　固定第 1 层绳子

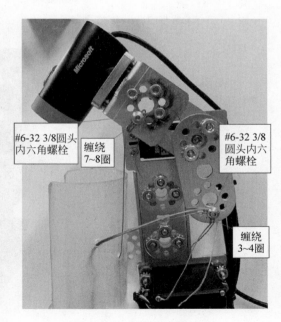

图 2-124　固定第 2 层绳子

7. 组装搬运结构

（1）取 1 根叉条、1 个螺纹圆垫圈、1 个内嵌 U 形槽、8 颗♯6-32 5/16 杯头内六角螺栓，按图 2-125 所示进行组装。

（2）取 1 根 160C 型材、1 块上翘垫片、1 颗♯6-32 3/8 圆头内六角螺栓、1 颗♯6-32 螺母，按图 2-126 所示方法进行安装。

（3）取 2 个 M4 铜套、1 根 64mm 长 M4 轴、2 个 M4 指推环，按图 2-127 所示方法将步骤（1）组装完成的叉条与步骤（2）安装好上翘垫片的 160C 型材连接安装。

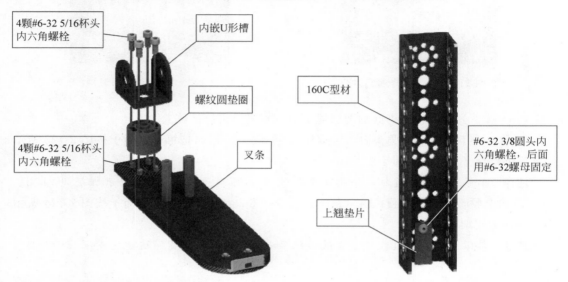

图 2-125　叉条与内嵌 U 形槽固定安装　　　　图 2-126　上翘垫片安装

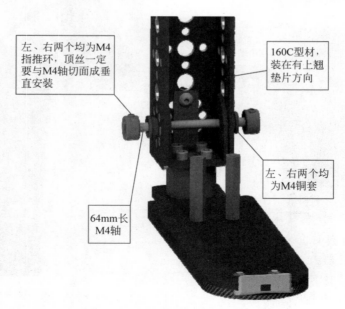

图 2-127　叉条与 160C 型材连接安装

（4）重复步骤（1）～（3），将另外一根叉条安装好。

（5）取 1 颗♯6-32 3/8 圆头内六角螺栓、2 颗♯6-32 5/16 杯头内六角螺栓、3 颗♯6-32
螺母，将一根组装好的叉条模块按图 2-128 所示安装到机器人上。

（6）取 3 颗♯6-32 5/16 杯头内六角螺栓、3 颗♯6-32 螺母，将另一根组装好的叉条模块
按图 2-129 所示安装到机器人上。

（7）取 1 个内嵌 L 形角件、2 颗♯6-32 5/16 杯头内六角螺栓、2 颗♯6-32 螺母，按图 2-130
所示方法安装到机器人左侧叉条模块 160C 型材上。

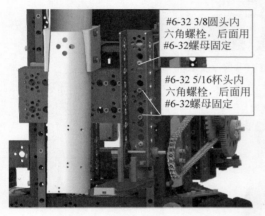
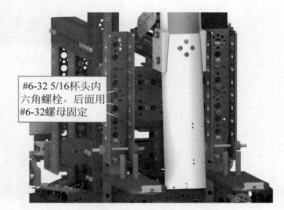

图 2-128　左侧叉条模块固定安装　　　　　　　图 2-129　右侧叉条模块固定安装

（8）取 1 个内嵌 L 形角件、2 颗♯6-32 3/8 圆头内六角螺栓、2 颗♯6-32 螺母，按图 2-131
所示方法安装到机器人右侧叉条模块 160C 型材上。

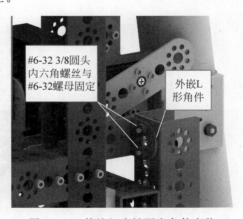

图 2-130　上限位角件安装　　　　　　　　　图 2-131　伸缩坦克链固定角件安装

（9）取 1 个外嵌 L 形角件、2 颗♯6-32 5/16 杯头内六角螺栓、2 颗♯6-32 螺母，按图 2-132
所示方法安装到机器人右侧叉条模块 160C 型材上。

（10）如图 2-133 所示，取 1 个左侧 PC 挡板、1 个内嵌 U 形槽、2 颗♯6-32 5/16 杯头内
六角螺栓、2 颗♯6-32 螺母进行组装。

（11）取 2 个 M4 铜套、1 根 50mm 长 M4 轴、2 个 M4 指推环，将步骤（10）组装好的左侧
PC 挡板按图 2-134 所示的方法安装到左侧 160C 型材上。

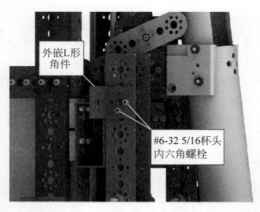

图 2-132　升降坦克链固定角件安装

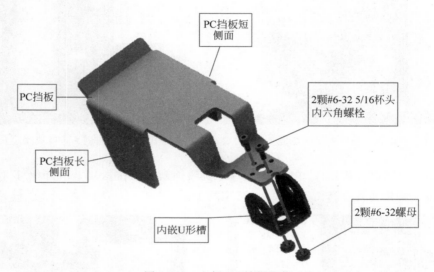

图 2-133　左侧 PC 挡板组装

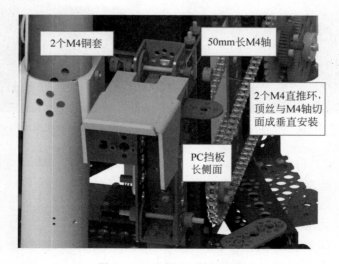

图 2-134　左侧 PC 挡板安装

（12）重复步骤（10）和（11），将右侧 PC 挡板安装到机器人上。

（13）抓手模块安装完成效果如图 2-135 所示。

8. 安装控制器模块

（1）取 1 块驱动板、2 颗 M3×10＋6mm 铜柱、2 颗 M3 法兰螺母，按图 2-136 所示进行安装。

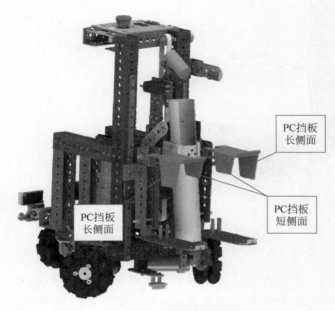

图 2-135　抓手模块效果

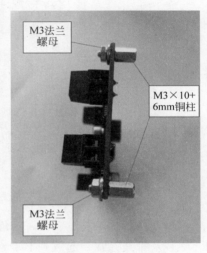

图 2-136　驱动板安装铜柱

（2）重复步骤（1）将另一块驱动板铜柱固定好。

（3）如图 2-137 和图 2-138 所示，将两块驱动板分别插到 610mm 长 A 灰排线的有耳牛角座上和 520mm 长 B 灰排线的有耳牛角座上，注意灰排线的红色 5V 线方向。

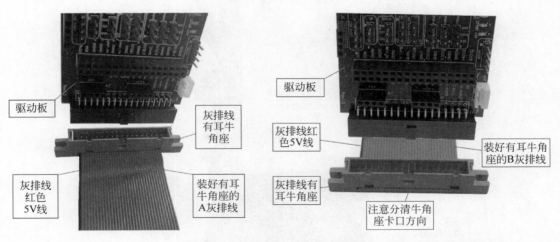

图 2-137　驱动板插上 A 灰排线　　　　　图 2-138　驱动板插上 B 灰排线

（4）取 2 颗 M3×8 平头内六角螺栓、2 颗♯6-32 1/2 杯头内六角螺栓，参照图 2-139 所示，将驱动板 A 固定到已安装好的机器人左侧驱动板固定亚克力与底板亚克力上。

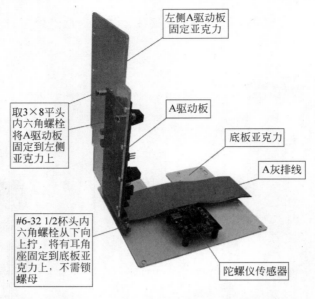

图 2-139　驱动板 A 固定模拟安装

（5）取 2 颗 M3×8 平头内六角螺栓、2 颗♯6-32 1/2 杯头内六角螺栓，参照图 2-140，先将 A、B 灰排线并在一起放到 B 驱动板背后，然后将 B 驱动板固定到底板亚克力上，最后把 B 驱动板固定到右侧 B 驱动板亚克力上。

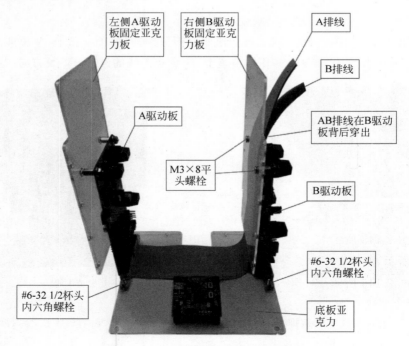

图 2-140　驱动板 B 固定模拟安装效果

（6）取 4 颗 M3×10＋6mm 铜柱、4 颗 M3 法兰螺母，按图 2-141 所示固定到机器人右侧框架上，确定控制器模块安装位置。

图 2-141　控制器模块铜柱安装位置

（7）取 4 颗 M3×10＋6mm 铜柱、4 颗 M3 法兰螺母、4 颗♯6-32 3/8 圆头内六角螺栓、4 根 32mm 六边铝柱，按图 2-142 所示安装到 1 块黑鹰板固定亚克力上。

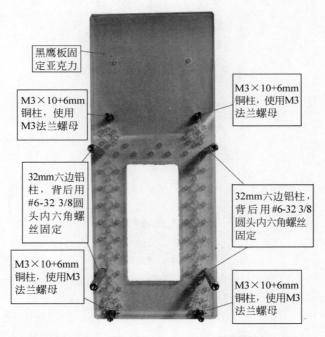

图 2-142　黑鹰板固定亚克力螺栓安装位置

（8）如图 2-143 所示，取 2 颗♯6-32 3/8 圆头内六角螺栓，放进 5G 路由器固定孔内，再如图 2-144 所示，取 2 颗♯6-32 螺母将 5G 路由器安装到黑鹰板固定亚克力上。

（9）如图 2-145 所示，将 A、B 灰排线整理好并排塞进 174C 型材，然后如图 2-146 所示将 A、B 排线反折 90°，最后如图 2-147 所示取 4 颗 M3×8 平头内六角螺栓将黑鹰板固定亚克力安装到机器人上。

5G路由器

把#6-32 3/8圆头内六角螺栓头部卡进5G路由器安装槽

把#6-32 3/8圆头内六角螺栓头部卡进5G路由器安装槽

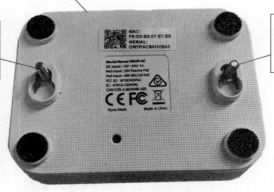

图 2-143　5G 路由器螺栓安装

用#6-32螺栓将5G路由器固定在亚克力上

用#6-32螺栓将5G路由器固定在亚克力上

图 2-144　5G 路由器固定安装

图 2-145　布线

图 2-146　折线

（10）取 4 颗 M3×8 平头内六角螺栓将黑鹰板按图 2-148 所示安装到黑鹰板固定亚克力的铜柱上。

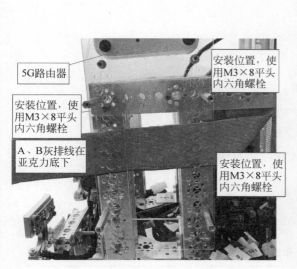
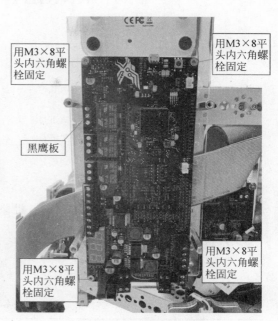

图 2-147　黑鹰板固定亚克力安装　　　　　图 2-148　黑鹰板安装

（11）取 3 颗♯6-32 3/8 圆头内六角螺栓、3 颗♯6-32 螺母，按照安装 5G 路由器的方法将 MyRIO 安装到 MyRIO 固定亚克力上，如图 2-149 所示。

（12）如图 2-150 所示，将 X-HUB 插到 MyRIO 上。

（13）将安装好的 MyRIO 模块放好，在后面电气接线时再安装到机器人上。

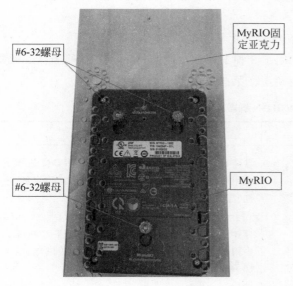
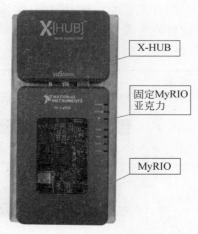

图 2-149　MyRIO 安装　　　　　图 2-150　X-HUB 安装

2.4　KNIGHT-N 电气系统的结构

2.4.1　学习目标

（1）了解常用线材。

（2）了解常用电气接口。

（3）熟悉 KNIGHT-N 机器人的电气结构。

（4）熟悉 KNIGHT-N 机器人的电气连接。

2.4.2　学习任务

根据标签对应表完成 KNIGHT-N 机器人线缆的制作。

2.4.3　知识链接

本节知识清单如表 2-6 所示。

表 2-6　知识清单

KNIGHT-N 机器人所用线缆	KNIGHT-N 机器人所用接头与簧片
掌握 KNIGHT-N 线缆制作方法	KNIGHT-N 机器人的连线方式

1. KNIGHT-N 机器人所用线缆

电线是指传输电能的导线，其导体主要是铜线，由一根或几根柔软的导线组成，外面包裹轻软的护层；电缆由一根或几根绝缘包导线组成，外面包裹金属或橡皮制的坚韧外层。单根的叫"线"；多根叫"缆"。

线缆种类较多，下面仅以 KNIGHT-N 机器人上用到的线缆为例进行介绍。

如表 2-7 所示，KNIGHT-N 机器人共用了 3 种不同规格的线材，一共 10 种颜色。通常在线材的外皮上都会标明该电线的线规与耐温。某些还会标明所用绝缘材料。

表 2-7　KNIGHT-N 机器人线规表

线规	样　图	描　述
18AWG		导体截面积 0.8107mm^2，在 KNIGHT-N 机器人中用于 12V 电源的供电与电机驱动的输出线，有红、黑两种颜色
24AWG		导体截面积 0.2047mm^2，在 KNIGHT-N 机器人中用于各种信号的传输与 5V 电源的供电，共有 10 种颜色

续表

线规	样　图	描　述
灰排线		有 34P 与 20P 两种线缆,在 KNIGHT-N 机器人中用于 MyRIO 控制信号的传输与传感器信号的传输

AWG 前面的数值(如 24AWG、26AWG)越小,导线越粗。AWG 线规对照表见附录 A。

2. KNIGHT-N 机器人常用接头

KNIGHT-N 机器人常用接头如图 2-151 所示。

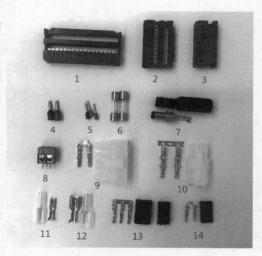

图 2-151　KNIGHT-N 机器人常用接头

KNIGHT-N 机器人常用接头如表 2-8 所示。

表 2-8　KNIGHT-N 机器人常用接头

编号	名　　称	编号	名　　称
1	34P 简易牛角插 2.54mm	8	KF301 插座
2	20P 简易牛角插 2.54mm	9	5557 插座与簧片
3	HIF3BA-20D-2.54C 连接器	10	大田宫接头与簧片
4	冷压端子 E1006	11	2.8 插簧与胶套
5	冷压端子 E0506	12	6.3 插簧与胶套
6	10A 熔丝	13	3P、4P 杜邦头带锁与簧片
7	直流电源插头 5.5-2.1	14	3P 杜邦头与簧片

3. KNIGHT-N 机器人所用标签

线缆端口及标签定义如图 2-152 所示。

KNIGHT-N 机器人的标签对应图如图 2-153 所示。

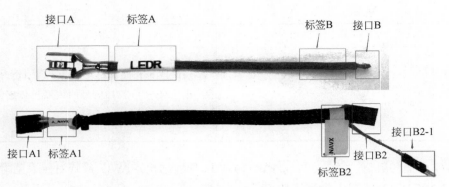

图 2-152　线缆端口及标签定义

1	名称	热缩管号		标签号
2	M1电机线	A_M0+	A_M0-	A_M0
3	M2电机线	A_M1+	A_M1-	A_M1
4	M3电机线	B_M0+	B_M0-	B_M0
5	M4电机线	B_M1+	B_M1-	B_M1
6	M1编码器线	A_ENC0	/	A_ENC0
7	M2编码器线	A_ENC1	/	A_ENC1
8	M3编码器线	B_ENC0	/	B_ENC0
9	M4编码器线	B_ENC1	/	B_ENC1
10	超声波线1	A_PING	/	A_PING
11	超声波线2	B_PING	/	B_PING
12	红外线1	B_IR0	/	B_IR0
13	红外线2	B_IR1	/	B_IR1
14	陀螺仪线	A_NAVX	/	A_NAVX
15	QTI线	A_LSB	/	A_LSB
16	A排线	/	/	MD2_A
17	B排线	/	/	MS2_B
18	限位线	LS1	5V	LS1
19	按钮线	Bottom	5V	Bottom
20	指示灯线	Function_LED	GND	Function_LED
21	电池线1	PWR_IN		PWR_IN
22	驱动板12v电源线	B_MD_12V	GND	B_MD_12V
23	驱动板5v电源线	B_MDSV_5V	GND	B_MDSV_5V
24	FPV电源线12v	FPV_12V	GND	FPV_12V
25	驱动板12v电源线	A_MD_12V	GND	A_MD_12V
26	驱动板5v电源线	A_MDSV_5V	GND	A_MDSV_5V
27	黑鹰板	BH_12V	GND	BH_12V
28	摄像头	/	/	USB_Camera
29	红灯	Red_LED	GND	Red_LED
30	绿灯	Green_LED	GND	Green_LED
31	MyRIO电源线	X-HUB_12V	GND	X-HUB_12V
32	5G电源线	Radio_12V	GND	Radio_12V
33	网线	/	/	Ethernet
34	舵机线3（785）	B_SE2	/	B_SE2
35	舵机线2（1425）	B_SE1	/	B_SE1
36	舵机线1（485）	B_SE0	/	B_SE0
37	开关1	/	/	MD2_PWR
38	开关2	/	/	BH_PWR
39	运行指示灯	/	/	Function_LED

图 2-153　线材标签对应图

4. KNIGHT-N 机器人电气系统的接口说明

下面根据图 2-154、图 2-155 和表 2-9 了解 A 驱动板接线端口。

图 2-154　驱动板 A 接线布局

图 2-155　驱动板 A 接线对应图

驱动板 A 接线对应图注释如下。

红色：5V；黄色：GND；蓝色：DIO。

表 2-9　驱动板 A 接线对应表

驱动板 A 编号	描　述	对应接口	对应线材标签
A1	2 号电机电源	M1＋、M1－	A_M1＋、A_M1－
A2	1 号电机电源	M0＋、M0－	A_M0＋、A_M0－
A3	A 驱动 12V 电源输入端	PWR、GND	A_MD12V、GND
A4	QTI 循迹模块端口	LSB PORT	A_LSB
A5	左超声波模块 A-PING 端口	PING	A_PING
A6	2 号电机编码器端口	ENC1	A_ENC1
A7	1 号电机编码器端口	ENC0	A_ENC0
A8	陀螺仪 12C 端口	NAVX、＋5V	A_NAVX

下面根据图 2-156、图 2-157 和表 2-10 了解 B 驱动板接线端口。

驱动板 B 接线对应图注释如下。

红色：5V；黄色：GND；蓝色：DIO。

图 2-156　驱动板 B 接线布局

图 2-157　驱动板 B 接线对应图

表 2-10　驱动板 B 接线对应表

驱动板 B 编号	描　　述	对应接口	对应线材标签
B1	4 号电机电源	M1＋、M1－	B_M1＋、B_M1－
B2	3 号电机电源	M0＋、M0－	B_M0＋、B_M0－
B3	B 驱动 12V 电源输入端	PWR、GND	B_MD12V GND
B4	B 驱动 5V 电源输入端	SV＋PWR、GND	B_MD5V GND
B5	右红外测距传感器端口	LSB PORT	B_IR1
B6	前红外测距传感器端口	IR	B_IR0
B7	右超声波模块 B-PING 端口	PING	B_PING
B8	4 号电机编码器端口	ENC1	B_ENC1
B9	3 号电机编码器端口	ENC0	B_ENC0
B10	785 伸缩舵机端口	PWM4	B_SE2
B11	1425 抓放舵机端口	PWM3	B_SE1
B12	485 摄像头舵机端口	PWM2	B_SE0

下面根据图 2-158 和表 2-11 了解黑鹰板端口。

图 2-158　黑鹰板接线对应图

表 2-11　黑鹰板接线对应表

黑鹰板编号	描　　述	对　应　接　口	对应线材标签
H1	控制模块 12V 电源输入端口	12V IN GND	PWR_IN GND
H2	MyRIO 电源端口	MyRIO out put(12V,GND)	X-HUB12V GND
H3	5G 模块电源端口	Radio out put(12V,GND)	Radio_12V GND
H4	第一视角 12V 电源端口	FPV 12V(12V,GND)	FPV_12V GND
H5	B 驱动板 5V 电源提供端口	5V GND	B_MD5V GND

完整电气接线如图 2-159 所示。

2.4.4　过程讲解

1. M1、M2 电机走线布局

将 M1、M2 电机电源线、编码线参照 A 驱动板接线端口解读,分别接到 A 驱动板上。注意分清楚导线的正、负极(红线为"＋";黑线为"GND")。电机编号以及走线方法如图 2-160 和图 2-161 所示。

线材标签: M1 电机电源线为 A_M0＋、A_M0－; M2 电机电源线为 A_M1＋、A_M1－; M1 电机编码线为 A_ENC0; M2 电机编码线为 A_ENC1。

2. QTI 循迹传感器走线布局

如图 2-160 和图 2-162 所示,接上 QTI 循迹传感器导线,然后参照 A 驱动板接线端口解读,分别接到 A 驱动板上。注意分清楚导线的正、负极(红线为"＋";黑线为"GND")。走线方法如图 2-160 和图 2-163 所示。

线材标签: QTI 循迹传感器导线为 A_LSB。

3. 陀螺仪传感器走线布局

如图 2-164 所示,接上陀螺仪传感器导线,然后参照 A 驱动板接线端口解读,分别接到 A 驱动板上。注意分清楚导线正、负极(红线为"＋";黑为"GND")。走线方法如图 2-161 和图 2-163 所示。

线材标签: 陀螺仪传感器导线为 A_NAVX。

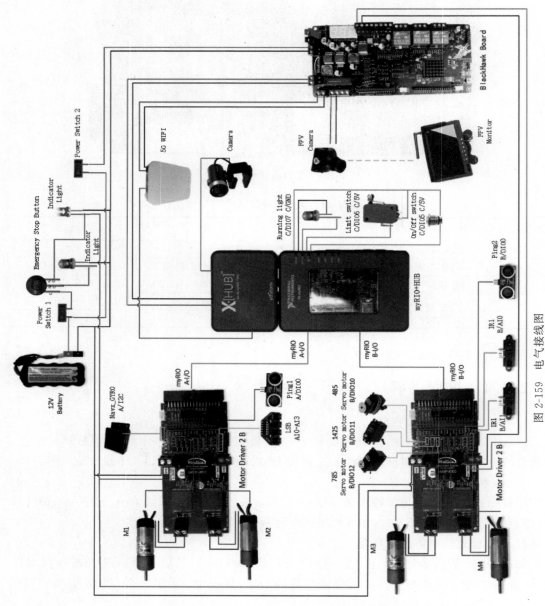

图 2-159　电气接线图

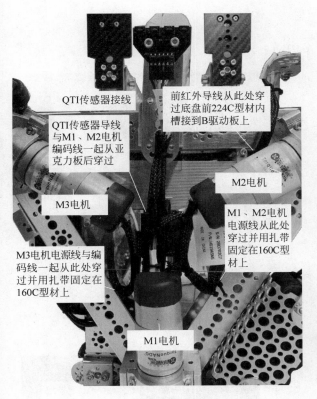

QTI传感器接线

QTI传感器导线
与M1、M2电机
编码线一起从亚
克力板后穿过

前红外导线从此处穿
过底盘前224C型材内
槽接到B驱动板上

M2电机

M3电机

M1、M2电机
电源线从此处
穿过并用扎带
固定在160C型
材上

M3电机电源线与编
码线一起从此处穿
过并用扎带固定在
160C型材上

M1电机

图 2-160　底盘走线布局图

M1电机
电源线

M1、M2电机
编码线

M2电机
电源线

图 2-161　M1、M2 电机电源线、
编码线走线布局图

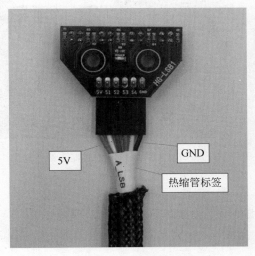

5V

GND

热缩管标签

图 2-162　QTI 循迹传感器端接线

将M1和M2电机编码
线、QTI循迹传感器
线、陀螺仪传感器线、
左超声波传感器线，
连接到A驱动板后用
扎带扎在一起

图 2-163　QTI 循迹传感器走线布局图

4. 左侧超声波传感器 A-PING 走线布局

如图 2-165 所示接上左侧超声波传感器 A-PING 导线，然后参照 A 驱动板接线端口解读，分别接到 A 驱动板上。注意分清楚导线的正、负极（红线为"＋"；黑线为"GND"）；走线

方法如图 2-166 和图 2-167 所示。

线材标签：左侧超声波传感器导线为 A-PING。

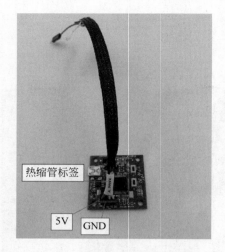

图 2-164　陀螺仪传感器端接线图

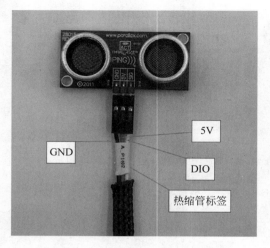

图 2-165　超声波传感器端接线图

图 2-166　左、右超声波传感器走线布局图

图 2-167　左侧超声波传感器走线布局图

5. M3、M4 电机走线布局

将 M3、M4 电机电源线、编码线参照 B 驱动板接线端口解读，分别接到 B 驱动板上。注意分清导线的正、负极（红线为"＋"；黑线为"GND"）。走线方法如图 2-168 和图 2-169 所示。

线材标签：M3 电机电源线为 B_M0＋、B_M0－；M4 电机电源线为 B_M1＋、B_M1－；M3 电机编码线为 B_ENC0；M4 电机编码线为 B_ENC1。

图 2-168　M3、M4 电机电源线、编码线走线布局图

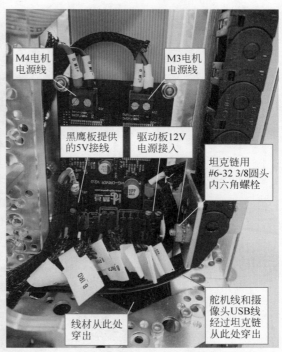

图 2-169　B 驱动板走线布局图

6. 右侧超声波传感器 B-PING 走线布局

　　如图 2-165 所示，接上右侧超声波传感器 B-PING 导线，然后参照 B 驱动板接线端口解读，分别接到 B 驱动板上。注意分清楚导线的正、负极（红线为"＋"；黑线为"GND"）。走线方法如图 2-168 至图 2-170 所示。

　　线材标签：右侧超声波传感器导线 B-PING。

7. 红外测距传感器走线布局

　　如图 2-171 所示，接上前、右红外测距传感器导线，然后参照 B 驱动板接线端口解读，分别接到 B 驱动板上。注意分清楚导线的正、负极（红线为"＋"；黑线为"GND"）。走线方法如图 2-172 和图 2-173 所示。

图 2-170　左、右超声波传感器走线布局图

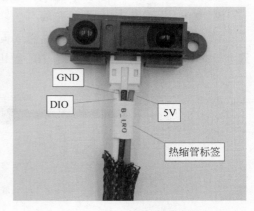

图 2-171　红外测距传感器端接线图

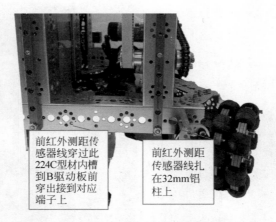

图 2-172　前红外测距传感器走线布局图

图 2-173　右红外测距传感器走线布局图

线材标签：前红外测距传感器导线为 B_IR0；右红外测距传感器导线为 B_IR1。

8. 舵机、摄像头 USB 走线布局

（1）如图 2-174 所示接线方法，将 485 舵机线与 92cm 舵机延长线 SE0 连接，1425 舵机线与 92cm 舵机延长线 SE1 连接，785 舵机线与 54cm 舵机延长线 SE2 连接。

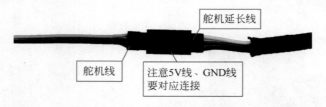

图 2-174　舵机线与延长线连接图

（2）如图 2-175 所示，撬开坦克链盖。

（3）将连接好的 SE0、SE1 舵机延长线以及摄像头 USB 线装进 20 节坦克链里，盖上坦克链盖，然后如图 2-176 至图 2-178 所示，用 2 颗♯6-32 3/8圆头内六角螺栓、2 颗♯6-32 螺母把坦克链安装到机器人上。

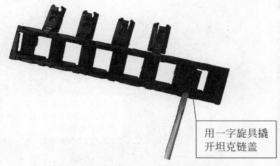

图 2-175　撬开坦克链盖

图 2-176　坦克链安装孔

图 2-177　伸缩坦克链安装

图 2-178　伸缩坦克链固定安装

（4）如图 2-179 所示，将连接好的 SE2 穿过抓手 160C 型材。

（5）将 485 舵机 SE0 线、1425 舵机 SE1 线、785 舵机 SE2 线、摄像头 USB 线按图 2-180 所示，按步骤（2）和（3）方法装进 22 节坦克链里并固定在机器人上，然后参照 B 驱动板接线端口解读，分别接到 B 驱动板上。注意分清导线的正、负极（红线为"＋"；黑线为"GND"）。走线方法如图 2-180 所示。

线材标签：485 舵机线为 B_SE0；1425 舵机线为 B_SE1；785 舵机线为 B_SE2。

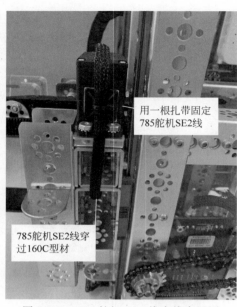

图 2-179　785 舵机 SE2 线走线布局图

图 2-180　舵机、摄像头 USB 走线布局图

9. 开关板走线布局

（1）取 1 根图 2-181 所示的 B_MD 5V 线，然后参照黑鹰板接线端口解读和 B 驱动板接线端口解读，分别连接到黑鹰板和 B 驱动板对应的端口上。注意分清楚导线的正、负极（红线为"＋"；黑线为"GND"）。走线方法如图 2-182 所示。

线材标签：B_MD5V　GND。

图 2-181　B_MD5V 线

图 2-182　黑鹰板 B 驱动板 5V 走线布局图

（2）如图 2-183 所示线材、接线，然后参照黑鹰板接线端口解读、A 驱动板接线端口解读、B 驱动板接线端口解读，将电源电路接好。

线材标签：电源输入（电池头端）为 PWR_IN GND；控制器电源输入（黑鹰板端）为 BH_12V GND；驱动电源开关输入为 PWR_IN；控制器电源开关输入（从驱动电源开关输入并联过来）为 PWR_IN；控制器电源开关输出（连接到黑鹰板端）为 BH_12V；B 驱动板 12V 电源输入为 B_MD12V GND；A 驱动板 12V 电源输入（从 B 驱动板 12V 电源输入并联过来）为 A_MD12V GND。

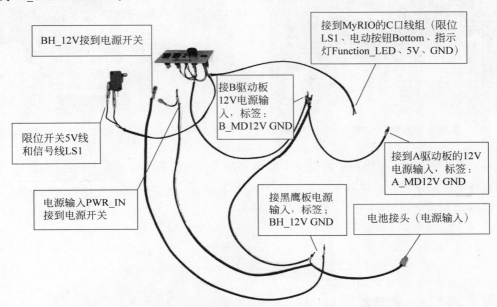

图 2-183　电源电路及 MyRIO C 口线材解析图

（3）将驱动电源开关输入以及控制器输入输出按图 2-184 所示接好导线。

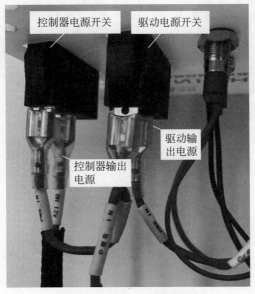

图 2-184　电源开关接线图

（4）参照黑鹰板接线端口解读，将图 2-183 中的"接黑鹰板电源输入"端子接到黑鹰板控制模块对应的 12V 电源输入端口上，如图 2-185 和图 2-186 所示。

线材标签：BH_12V GND。

黑鹰板控制模块 12V 电源输入

图 2-185　黑鹰板控制模块 12V 电源输入接线图

电源线从此 160C 型材槽内穿过

电池接头

图 2-186　电源输入端走线图

（5）参考图 2-185 黑鹰板控制模块 12V 电源输入接线图及图 2-187 至图 2-189 所示，按以下步骤将电源电路接好并将限位开关 LS1、点动开关（Bottom）、运行指示灯（Function_LED）信号线连接到 MyRIO C 口。

图 2-187　急停开关接线端子

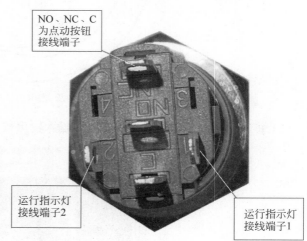

NO、NC、C 为点动按钮接线端子

运行指示灯接线端子2

运行指示灯接线端子1

图 2-188　点动按钮接线端子

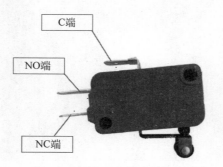

C端

NO端

NC端

图 2-189　限位开关接线端子

具体连接步骤如下。

① 用导线连接驱动电源开关输出端与急停开关 C 端接线柱。

② 将电源指示绿灯(Green_LED)正极与 B 驱动板 12V 电源线输入端一起接到急停开关 NC 端接线柱上。

③ 将电源指示红灯(Red_LED)正极接到急停开关 NO 端接线柱上。驱动电源开关输出端与急停开关 C 端接线柱导线连接。

④ 将电源指示绿灯(Green_LED)和电源指示红灯(Red_LED)的 GND 线接到运行指示灯接线端子 2 上,并且分出一根 GND 线先不接。

⑤ 将运行指示灯正极线(标签为 Function_LED)接到运行指示灯接线端子 1 上。

⑥ 将点动按钮 DIO 线(标签为 Bottom)接到点动按钮 NO 接线端子上。

⑦ 将限位开关 LS1 的 C 端接线柱(5V)与点动按钮 C 端接线柱导线连接,并且分出一根 5V 线先不接。

⑧ 将限位开关 LS1 的 NO 端接线柱接上带标签"LS1"的 DIO 导线。

⑨ 把 5G 路由器的电源线与 X-HUB 的电源线接到黑鹰板对应的端口 Radio out put (12V,GND)和端口 MyRIO out put(12V,GND)上。

⑩ 接上 B 驱动板的 12V 电源输入和 A 驱动板的 12V 电源输入。

⑪ 将运行指示灯正极线(标签为 Function_LED)、点动按钮 DIO 线(标签为 Bottom)、运行指示灯接线端子 2 分接出来未接的 GND 线、限位开关 LS1 DIO 线(标签为 LS1),接到 MyRIO 的 C 口上。

开关板布线如图 2-190 所示,电源接线布局如图 2-191 所示,5G 路由器电源线与 X-HUB 电源线接线如图 2-192 所示,B 驱动板 12V 电源输入接线如图 2-193 所示,A 驱动板 12V 电源输入接线如图 2-194 所示。

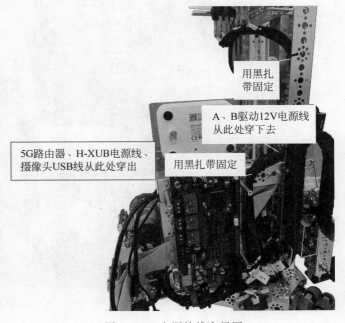

用黑扎带固定

A、B驱动12V电源线从此处穿下去

5G路由器、H-XUB电源线、摄像头USB线从此处穿出

用黑扎带固定

图 2-190　开关板布线图

图 2-191　电源接线布局图

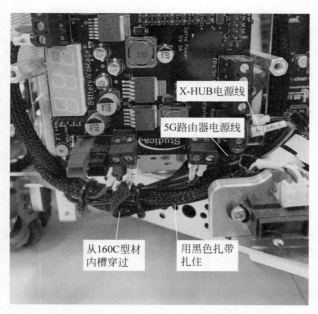

图 2-192　5G 路由器电源线与 X-HUB 电源线接线图

图 2-193　B 驱动板 12V 电源输入接线图

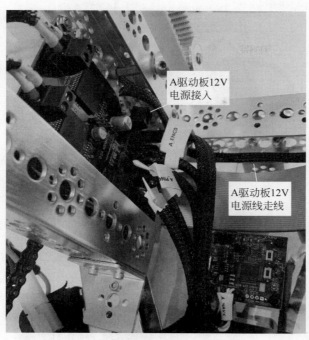

图 2-194　A 驱动板 12V 电源输入接线图

(6) 取 4 颗♯6-32 3/8 圆头内六角螺栓,如图 2-195 所示,将装好的 MyRIO 亚克力安装到机器人黑鹰板固定亚克力上的 32mm 铝柱上。

图 2-195　MyRIO 模块固定安装

(7) 安装好 MyRIO 模块后接上 5G 路由器电源线、X-HUB 电源线、摄像头 USB 线、网线(网线一头插在 X-HUB 左侧的网线口上,另一头插在 5G 路由器上的 802.3af POE 网线口上),以及将运行指示灯正极线(标签为 Function_LED)、点动按钮 DIO 线(标签为Bottom)、运行指示灯接线端子 2 分接出来未接的 GND 线、限位开关 LS1 DIO 线(标签为LS1),接到 MyRIO C 口上,如图 2-196 和图 2-197 所示。

10. 走线布局技巧

(1) 线材过长如果附近有槽就藏起来,如果没槽则扎起来,如图 2-198 和图 2-199所示。

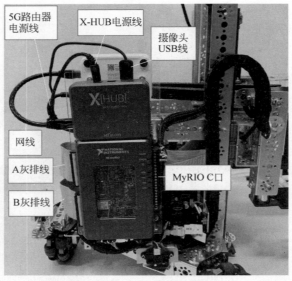

图 2-196　控制器模块接线图

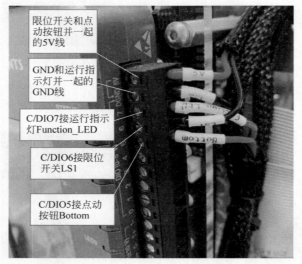

图 2-197　MyRIO C 口接线

图 2-198　线材过长可扎起来

图 2-199　线材过长可藏在槽里

（2）线材过乱可扎起来，如图 2-200 和图 2-201 所示。

图 2-200　线材过乱　　　　　图 2-201　将过乱的线材扎起整理后的效果

第 3 章

移动机器人基础编程及控制

移动机器人在完成任务和工作时，须具备控制、运动和感知等功能。第 2 章介绍了移动机器人的组成结构，本章讲解如何通过 LabVIEW 控制移动机器人，让其具有基本运动和感知的功能。

通过本章的学习，将理解 KNIGHT-N 移动机器人基础运动原理，机械臂、抓手结构和常用传感器控制原理，掌握 KNIGHT-N 移动机器人控制工具包的使用方法。

3.1 KNIGHT-N 工具包的使用

3.1.1 学习目标

(1) 理解和掌握 KNIGHT-N 移动机器人工具包的控制使用方法。
(2) 学会结合任务使用工具包控制机器人完成指定任务。

3.1.2 学习任务

(1) 学习使用功能类机器人控制模块。
(2) 学习使用矫正类机器人控制模块。
(3) 学习使用运动控制类机器人控制模块。
(4) 使用工具包控制机器人完成指定任务及功能。

3.1.3 知识链接

本节知识清单如表 3-1 所示。

表 3-1 知识清单

LabVIEW 编程基础	KNIGHT-N 工具包	所有功能模块展示
功能类模块讲解	矫正类模块讲解	运动控制类模块讲解

3.1.4 知识点讲解

1. 工具包介绍

工具包资料如图 3-1 和表 3-2 所示。

图 3-1 工具包文件夹

表 3-2 工具包中内容介绍

名 称	作 用
documentation	存放 MyRIO 说明链接
FPGA Bitfiles	存放比特位文件
home	存放自己制作的 VI 程序
joystick	存放手动程序
RT sub	存放控制功能模块
SNCNFG	存放序列号程序
Sub VIs	存放底层 VI
Task	存放完成搬运任务子 VI
Test	存放测试功能子 VI
KNIGHT-N 工具包. alaiases	别名文件
KNIGHT-N 工具包. lvlps	本地项目设置
KNIGHT-N 工具包. lvproj	工具包项目
Main. vi	工具包基础程序
未知间断. vi	完成未知订单间歇任务程序
未知任务. vi	完成未知订单连续任务程序
已知间断. vi	完成已知订单间歇任务程序
已知任务. vi	完成已知订单连续任务程序

2. 测试程序 VI 介绍

测试程序 VI 如图 3-2 和表 3-3 所示。

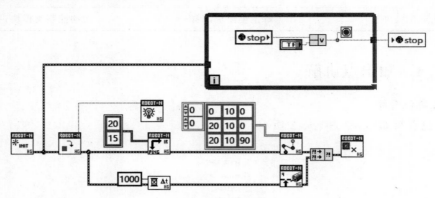

图 3-2　程序编写

表 3-3　KNIGHT-N 所有功能模块

VI 名称	图　标	功　能
延时	毫秒等待 —— Δt 错误输入(无错误) —— 错误输出	延时等待
视觉	RGB 摄像机 可选矩形 —— 质心 面积 —— 引用句柄输出 num —— Get 错误输出 —— 错误输出 最大值 code	用于对图像进行扫码、识别球色、判断是否抓取球
整体初始化	错误输入（无错误）—— INIT —— 错误输出	初始化设备硬件与检查序列号
开始按钮	Star 错误输入(无错误) —— 错误输出	用于启动开始任务
指示灯	Light 错误输入(无错误) —— 错误输出	可指示程序是否执行
关闭程序	错误输入（无错误）—— × —— 错误输出	对硬件进行关闭清空处理
90°矫正	偏移 设定 时间 —— PING —— 错误输出 错误输入(无错误) 误差限度	机器人姿态调整

续表

VI 名称	图　　标	功　　能
前矫正	红外距离 / 误差限度 / 时间 / 错误输入(无错误) → 错误输出	对前方物体进行测距避障
右矫正	红外距离 / 误差限度 / 时间 / 错误输入(无错误) → 错误输出	对右方物体进行测距避障
QTI 循线	数字 / 阈值 / 错误输入(无错误) / 速率 → 错误输出	识别地面上的黑胶带
对后矫正	偏移 / PING-Distance / 时间 / 错误输入(无错误) → 错误输出	对后方物体进行测距避障
坐标	预设参数 / 调节 / 交换条件 / PID误差 / 错误输入(无错误) / 误差 → 错误输出	对机器人进行移动路径规划
OMS 上复位	速度 / 错误输入(无错误) → 错误输出	对升降机构进行编码清零
放球	放松/拉紧 / Num / 毫秒等待 / 错误输入(无错误) → 错误输出	放置机器人套筒中的球
抓球舵机控制	占空比 / 错误输入(无错误) → 错误输出	抓取球进入套筒
伸缩臂位置环	距离 / 错误输入 → 错误输出	控制升降结构到达指定位置
摄像舵机控制	占空比 / 错误输入(无错误) → 错误输出	控制摄像头舵机抬起角度
伸缩臂	占空比 / 错误输入(无错误) → 错误输出	控制伸缩臂到达指定位置

3.1.5 过程讲解

1. 功能类程序模块讲解

功能类程序模块如图 3-3 所示。

图 3-3 功能类程序模块

（1）延时。在程序中遇到需要延迟执行的动作或模块时使用，延时时间单位为毫秒。

（2）视觉。视觉用于识别和图像处理，内置有条码识别功能、球色识别功能，还可以识别机器人抓取球的个数，可以通过 camera 端口进行选择功能，通过 RGB 端口设置要识别的颜色，引用句柄输出是用来查看摄像头图像的使用情况，需要在前面板添加一个显示控件。

（3）整体初始化。整体初始化是将机器人电机编码器、红外传感器、超声波传感器、陀螺仪传感器、QTI 传感器等端口进行打开，检查序列号是否正确，与硬件是否连接稳固，是否有松脱。在编程开始一定要放置这个功能模块。

（4）开始按钮。开始按钮可用于确定程序开始执行或确认机器人进行下一步动作的一个硬件与机器人程序的交互按钮。

（5）指示灯。指示灯用于提醒操作者机器人正在执行程序。

（6）关闭程序。在程序执行结束后，关闭机器人电机编码器、红外传感器、超声波传感器、陀螺仪传感器、QTI 传感器等端口。在编程末尾一定要带有该功能模块，否则 MyRIO 中的程序无法清除结束。

2. 矫正类程序模块讲解

矫正类程序模块如图 3-4 所示。

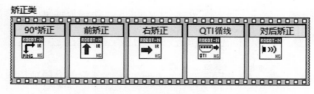

图 3-4 矫正类程序模块

（1）90°矫正。此矫正功能用于机器人在角落进行姿态矫正确定机器人当前位置，保证机器人在场地中当前的姿态位置是正确的，有利于机器人准确地移动到目标点。setting 端口用于设置声波与后墙的矫正距离、红外与右侧墙的矫正距离，红外在矫正距离时墙体不可是透明的；time 用于设置矫正的时长，当矫正时间超过 time 设置的时间时，将自动跳出矫正功能，时间以毫秒为单位；error limit 用于设置矫正的许可误差范围。

（2）前矫正。机器人通过前红外对前方墙体进行测距矫正。IR-Distance 用于设置矫正距离，前方墙体不可是透明的；time 用于设置矫正的时长，当矫正时间超过 time 设置的时间时，将自动跳出矫正功能，时间以毫秒为单位；error limit 用于设置矫正的许可误差范围。

（3）右矫正。机器人通过前红外对右方墙体进行测距矫正。IR-Distance 用于设置矫正距离，前方墙体不可是透明的；time 用于设置矫正的时长，当矫正时间超过 time 设置的时间将自动跳出矫正功能，时间以毫秒为单位；error limit 用于设置矫正的许可误差范围。

（4）QTI 循线。用于机器人识别地上的黑胶带。四路 QTI 传感器可以识别颜色的深浅，从而反馈回不同的数值，用于进行判断；num 用于设置识别使用的端口，四路端口被分别标记为 0、1、2、3 号，在数组中填入对应端口号即可调用；Threshold 用于设置黑色的深浅数值，当识别数值大于设置数值时，机器人就会判定为黑色；velocity 用于设置循线方向与速度，向右循线为负数，向左循线为正数，循线速度建议在 10 左右即可。

（5）对后矫正。对后矫正是让机器人与后方墙体保持距离，并平行于墙体或按角度倾斜。PING-Distance 用于设置声波矫正距离；offset 用于设置对后矫正的倾斜角度；time 用于设置矫正的时长，当矫正时间超过 time 设置的时间时，将自动跳出矫正功能，时间以毫秒为单位。

3．运动控制类程序模块讲解

运动控制类程序模块如图 3-5 所示。

图 3-5　运动控制类程序模块

（1）坐标。坐标用于机器人路径规划及移动。coordinate 用于输入所要走的坐标，数组横排元素分别为 X、Y 和旋转角度，如图 3-5 所示。坐标功能模块执行的是连续坐标，当执行功能模块时，当前位置为原点，然后前进 10cm，到达后向右平移 20cm，到达后沿逆时针方向旋转 90°结束。因为执行时间是连贯的，所以过程中可能不会精确到点就执行下一个坐标了，解决方法就是调整跳转范围使其精确到点，在 switching condition 端口数组中将 30 改为 5，就可以清楚地看到机器人从一个目标点到下一个目标点了。

（2）OMS 上复位。上复位用于帮助机器人消除升降机构编码误差。velocity 端口用于设置升降机构复位速度，一般保持默认即可。

（3）放球。放球功能模块可以控制放球的个数。套筒中的绳子分为两层，可实现选择性放两颗球或三颗球。最下层绳子通过绳子舵机控制，上层绳子通过摄像舵机控制，可在放松或拉紧端口输入摄像舵机放松绳子角度和拉紧绳子角度参数；Num 端口输入要放置球的个数；milliseconds to wait 端口用于设置放球时出口打开的时长。

（4）抓球舵机控制。机器人抓球时将控制舵机绳子拉紧，堵住出口不让球漏出，从而实现抓球的动作。Duty Cycle 为控制舵机正/反转数值参数输入，该功能控制的舵机为连续舵机，只有正转和反转的机械动作。

（5）机械臂位置环。升降机构通过 distance 端口输入固定的编码数，从而实现升降到指定高度的功能。

（6）摄像舵机控制。摄像舵机为 180°的角度舵机。通过 duty cycle 端口给定数值参数，使其到达固定角度从而实现摄像头可以控制角度进行扫码、识别球色、判断球数、拉紧或放松绳子的动作。

（7）伸缩臂。控制伸缩臂的舵机为 360°的角度舵机。通过 duty cycle 端口给定数值参数，使其到达固定的角度从而实现伸缩臂的伸缩动作和固定位置。

3.1.6 知识拓展

（1）可以通过 test servo 程序调试摄像舵机角度和伸缩舵机的长度位置，如图 3-6 所示。

图 3-6　舵机调试程序位置

通过滑动条可以控制舵机运动。当调整舵机到达指定位置时，可以记录下当前舵机的参数，方便后续使用。这里可以用抓放滑动条测试绳子舵机，用摄像头滑动条控制摄像舵机角度，用伸缩滑动条控制伸缩舵机，从而控制伸缩臂长度，旁边有一个显示器用来显示摄像头画面，如图 3-7 所示。

（2）尝试通过工具包的坐标，完成固定距离和角度的前进、后退、旋转动作。

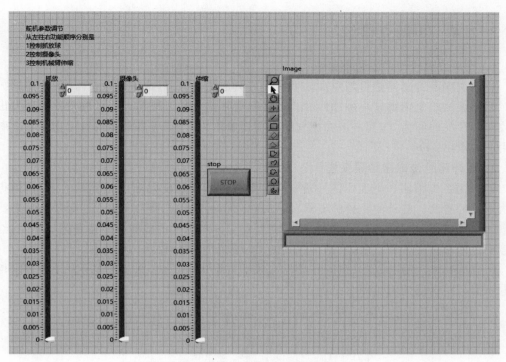

图 3-7 test servo 程序前面板

3.2 测距传感器的应用

3.2.1 学习目标

（1）理解超声波测距传感器数据采集原理。

（2）理解红外测距传感器数据采集原理。

（3）掌握测距传感器的数据处理方法。

3.2.2 学习任务

（1）读取并处理超声波测距传感器采集的数据，得到距离值。

（2）读取并处理红外测距传感器采集的数据，得到距离值。

3.2.3 知识链接

本节知识清单如表 3-4 所示。

表 3-4 知识清单

LabVIEW 编程基础	KNIGHT-N 工具包	超声波测距传感器数据采集
红外测距传感器数据采集	MyRIO 模拟量采集	均值滤波

3.2.4 知识点讲解

1. 超声波测距传感器数据采集

超声波测距传感器是将超声波信号转换成其他能量信号(通常是电信号)的传感器。

超声波测距是借助超声脉冲回波渡越时间法来实现的。设超声波脉冲由传感器发出到接收所经历的时间为 T,超声波在空气中的传播速度为 V,则从传感器到目标物体的距离 D 可用下式求出: $D = V \cdot T/2$。

2. 红外测距传感器数据采集

红外测距传感器利用红外信号遇到障碍物距离不同其反射强度也不同的原理,进行障碍物远近的检测。红外测距传感器具有一对红外信号发射与接收二极管,发射管发射特定频率的红外信号,接收管接收这种频率的红外信号。当红外的检测方向遇到障碍物时,红外信号反射回来被接收管接收,根据接收到的信号强度检测障碍物的距离。

KNIGHT-N 使用的红外测距传感器接收的数据为电压值,图 3-8 所示为红外测距传感器电压值与距离值的对应图。

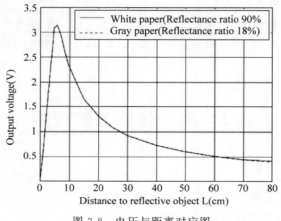

图 3-8 电压与距离对应图

3. 均值滤波

红外测距传感器对外部光线较敏感,导致有时红外信号出现突变(如噪声信号),因此需要使用均值滤波对数据进行处理。

均值滤波即使用采样范围内数据的平均值取代采样范围内的每一个值。

LabVIEW 内的均值滤波如表 3-5 所示。

表 3-5 新函数介绍

名　称	图　标	功　能
均值(逐点)	初始化 x ── [∧··×] ── 均值 采样长度 ── [MEAN] ── 错误	计算采样长度指定的输入数据点的均值

操作过程：Signal Processing→逐点→概率与统计(逐点)→均值(逐点)。

3.2.5　过程讲解

如图 3-9 所示,矫正类功能模块大部分都采用红外传感器和超声波传感器。

图 3-9　红外传感器与超声波传感器的应用

底层数据采集及处理有以下两种方式。

(1) 红外传感器与超声波传感器获取数据 VI 位置,如图 3-10 所示。

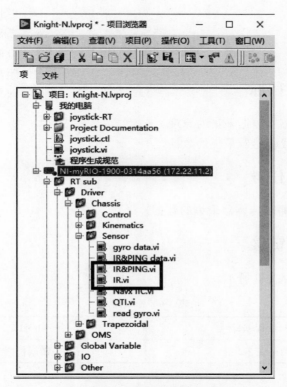

图 3-10　红外传感器与超声波传感器获取数据 VI 位置

(2) 红外传感器与超声波传感器的数据获取及处理如图 3-11 和图 3-12 所示。

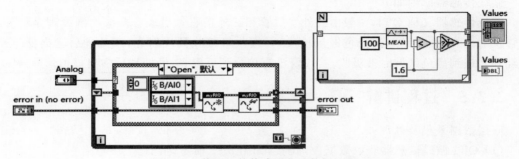

图 3-11　使用红外传感器获取数据及处理

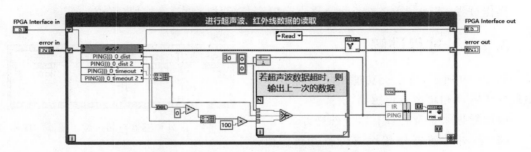

图 3-12 使用超声波传感器获取数据及处理

3.3 循线传感器的应用

3.3.1 学习目标

（1）理解循线传感器数据采集的原理。
（2）学会处理循线传感器采集的数据。

3.3.2 学习任务

读取并处理循线测距传感器采集的数据。

3.3.3 知识链接

本节知识清单如表 3-6 所示。

表 3-6 知识清单

LabVIEW 编程基础	KNIGHT-N 工具包
MyRIO 数字量采集	循线传感器原理

3.3.4 知识点讲解

循线传感器原理如下。

循线传感器又称 QTI，一般由红外发射管和红外接收管组成。循线检测原理是红外发射管发射光线，红外光遇到白色区域被反射，接收管接收到反射光，经处理后输出低电平；当红外光遇到黑色区域时被吸收，接收管没有接收到反射光，经处理后输出模拟信号。

3.3.5 过程讲解

底层数据采集及处理如下。
（1）QTI 循线传感器获取数据 VI 位置，如图 3-13 所示。
（2）QTI 循线传感器数据的获取过程如图 3-14～图 3-16 所示。

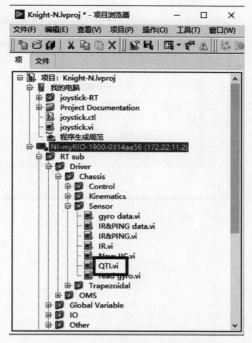

图 3-13　使用 QTI 循线传感器获取数据 VI 位置

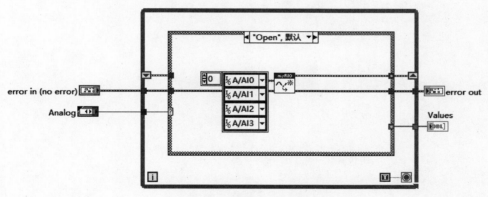

图 3-14　打开 QTI 端口

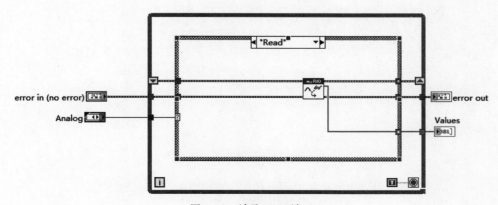

图 3-15　读取 QTI 端口

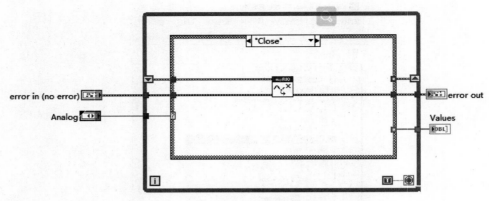

图 3-16　关闭 QTI 端口

第 4 章

移动机器人手动控制

机器人可以协助人类完成一些工作。除了自动控制外,还可以通过远程控制器控制机器人的动作,让其实现指定的功能。第 3 章讲解了机器人的基础编程,本章将讲解如何通过远程控制器控制机器人。

通过本章的学习,将理解遥控模式程序的结构,掌握遥控模式下程序包 VI 的使用以及遥控模式下手柄数据的处理和通过遥控模式控制机器人的方法。

4.1　移动机器人遥控数据的处理

4.1.1　学习目标

(1) 掌握遥控模式控制工具包的使用方法。
(2) 掌握遥控手柄数据处理。

4.1.2　学习任务

(1) 使用控制工具包使上位机与手柄通信并显示数据。
(2) 通过控制工具包处理手柄数据。

4.1.3　知识链接

本节知识清单如表 4-1 所示。

表 4-1　知识清单

LabVIEW 编程基础	KNIGHT-N 遥控工具包	手柄按键数据类型

4.1.4　知识点讲解

1. KNIGHT-N 遥控工具包 joystick. vi

joystick. vi 介绍如表 4-2 所示。

表 4-2　joystick. vi 介绍

名　称	图　标	功　能
Query Iuput devices. vi	错误输入（无错误）— 〔图标〕 — 操纵杆信息 / 按键信息 / 鼠标信息 / 错误输出	获取手柄信息
Initialize joystick. vi	设备索引 / 错误输入（无错误）— 〔图标〕 — 设备ID / 错误输出	初始化手柄信息
Data Processing of the joystick. vi	设备ID输入 / 错误输入（无错误）— 〔图标〕 — 设备ID输出 / joystick / 错误输出	处理手柄数据
Close Iuput device. vi	设备ID / 错误输入（无错误）— 〔图标〕 — 错误输出	关闭手柄

2. 遥控程序 joystick. vi 前面板介绍

joystick. vi 前面板介绍如表 4-3 所示。

表 4-3　joystick. vi 前面板介绍

名　称	数据类型	功　能
joystick	簇	显示手柄信息
停止	布尔输入控件	结束程序

遥控程序前面板如图 4-1 所示。

3. 手柄按键数据类型

joystick. vi 按键数据类型及范围如表 4-4 所示。手柄如图 4-2 和图 4-3 所示。

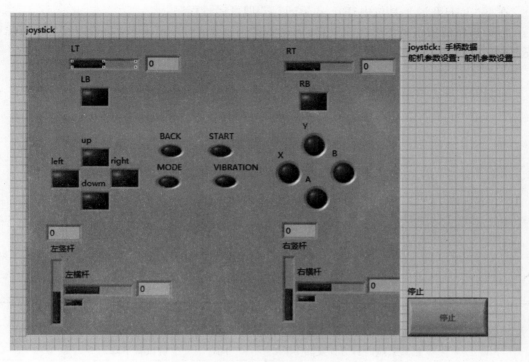

图 4-1 遥控程序 joystick.vi 前面板

表 4-4 joystick.vi 按键数据类型及范围

名 称	数据类型	范 围	名 称	数据类型	范 围
LT	数值	0~255	Up	布尔值	假或真
RT	数值	0~255	Down	布尔值	假或真
左竖杆	数值	−128~127	Left	布尔值	假或真
左横杆	数值	−128~127	Right	布尔值	假或真
右竖杆	数值	−128~127	X	布尔值	假或真
右横杆	数值	−128~127	Y	布尔值	假或真
LB	布尔值	假或真	A	布尔值	假或真
RB	布尔值	假或真	B	布尔值	假或真

图 4-2 手柄正面

图 4-3 手柄正上方

在 KNIGHT-N 工具包中打开 joystick. vi,即可运行程序。

运行程序后按手柄的 START 键,同时查看前面板的 joystick 控件,若控件上 START 按键被点亮,证明手柄与机器人连接成功。手柄信息对应图 4-4 和表 4-5 所示。

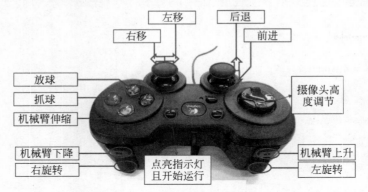

图 4-4　手柄按键与功能对应图

表 4-5　手柄信息对应表

按键名称	功　　能	按键名称	功　　能
LT	机器人逆时针方向旋转	LB	机械臂上升
RT	机器人顺时针方向旋转	RB	机械臂下降
左竖杆	机器人前进、后退	B	抓取机构抓球
		X	自定义拓展功能按键,目前为空
右竖杆	机器人左移、右移	Y	机械臂伸缩
		A	抓取机构放球

4.1.5　过程讲解

过程步骤如图 4-5 所示。

图 4-5　过程步骤

1. 打开 joystick control. vi

打开项目下的 joystick. vi 和 joystick control. vi,如图 4-6 和图 4-7 所示。

2. 手柄数据处理流程

打开 joystick. vi 的程序框图,如图 4-8 所示。

处理手柄信息步骤如图 4-9 所示。

(1)查询输入设备。查找外接设备。

(2)初始化手柄信息。通过 joystick init. vi 初始化信息。

图 4-6 打开 joystick. vi

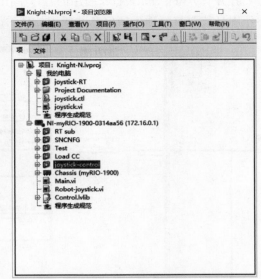

图 4-7 打开 joystick control. vi

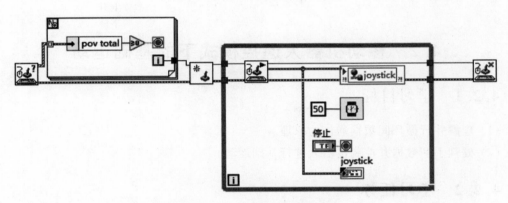

图 4-8 joystick. vi 的程序框图

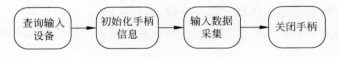

图 4-9 处理手柄信息步骤

(3) 输入数据采集。data processing. vi 通过 joystick acquire. vi 获取当前手柄信息。例如,当前按下的键位、摇杆推动的幅度等(由于程序运行后需要不断获取手柄的信息,因此 joystick acquire. vi 应该位于 while 循环内),并处理手柄信息,即把按下的键位、摇杆推动的幅度等转换为控制机器人的数据。

(4) 关闭手柄。通过 joystick close. vi 关闭手柄。当在前面板按 Stop 按键后,此 vi 清除程序内手柄数据。

打开 joystick control. vi 程序的程序框图，初始化与配置 FPGA 信息。定时循环内程序的作用是获取与处理手柄信息并使用处理后的数据控制移动机器人，如图 4-10 所示。

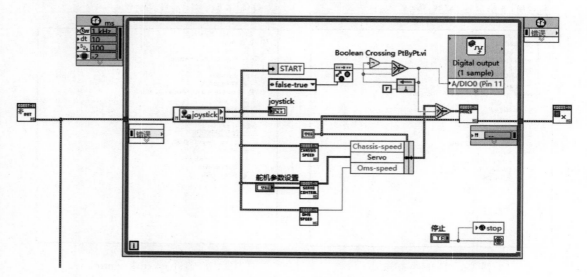

图 4-10　joystick control. vi 程序结构

4.2　移动机器人遥控模式下的基础运动

4.2.1　学习目标

（1）理解并行循环间数据通信的原理。
（2）处理手柄数据并控制机器人进行基础运动。

4.2.2　学习任务

（1）处理手柄数据并控制机器人前进、后退。
（2）处理手柄数据并控制机器人向左平移、向右平移。
（3）处理手柄数据并控制机器人进行顺时针方向旋转、逆时针方向旋转。

4.2.3　知识链接

本节知识清单如表 4-6 所示。

表 4-6　知识清单

LabVIEW 编程基础	KNIGHT-N 遥控工具包	KNIGHT-N 基础运动控制方法
并行循环间数据通信	公式节点	

4.2.4 知识点讲解

1. 并行循环间数据通信原理

在多个连续任务必须并行执行的应用程序中,数据处理和显示任务不能影响连续数据的采集和记录任务。此时,不能将两项任务放在同一循环中,需要使用并行循环。

并行循环间数据通信可以使用局部变量、全局变量和共享变量进行数据交换。

局部变量:允许从一个 VI 的多个地方访问同一个前面板控件,而且那些地方无法连线到该控件的端口。

全局变量:允许从几个 VI 的多个地方访问同一个前面板控件。

共享变量:与全局变量类似,但能工作在多个本地和网络应用程序。

由于只需要在一个 VI 内的并行循环间传递数据,因此选择使用局部变量。

2. 公式节点

公式节点是一个可调整大小的矩形框,用来直接在框图中输入代数公式,如图 4-11 所示。例如,方程 $y = 2x^2 + 3x$,分别用传统方法和公式节点来表达,可以发现公式节点的表达方法更为方便。

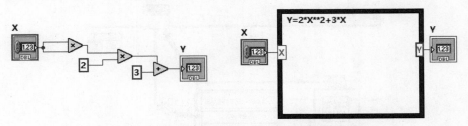

图 4-11 传统表达方式与公式节点表达方式的比较

4.2.5 过程讲解

过程步骤如图 4-12 所示。

图 4-12 过程步骤

(1) 打开 joystick control. vi。

与本书 4.1 节步骤相同,详细操作可参照 4.1 节。

(2) 移动管理系统数据处理。

① 打开 Chassis-speed. vi,如图 4-13 所示。

② Chassis-speed. vi 介绍。Chassis-speed. vi 主要由公式节点组成。

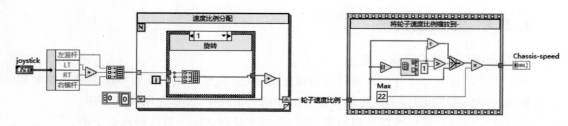

图 4-13　打开 Chassis-speed.vi

公式节点的输入为手柄信息上的 LT、RT、右横杆、右竖杆。LT、RT 分别控制机器人逆时针方向旋转和顺时针方向旋转；右横杆、右竖杆分别控制机器人左移、右移、前进、后退。前面说过，手柄的 LT、RT、摇杆数据类型都是数值，需要把范围转化为 $-1\sim1$，因此需要除以相应的系数。将处理后的数据封装成数组，以方便后面进行处理。

将公式节点处理好的数据送入 Chassis-speed 控件，最后输入到 MVICS.vi，该 VI 会将该数组数据分配为控制移动管理系统各个电机的数据，输出到控制机器人的定时循环中，如图 4-14 所示。

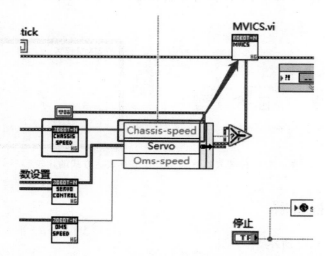

图 4-14　将 Chassis-speed.vi 数据传输到 MVICS.vi 的程序结构

（3）数据控制移动管理系统。处理后的数据需要传送到控制机器人 MVICS.vi 中，MVICS.vi 如图 4-15 所示。

通过 PID 控制调整速度控制量后，即可控制机器人的基本运动，如图 4-16 所示。

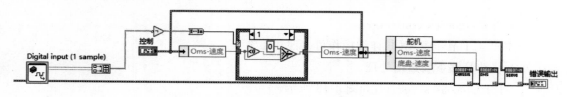

图 4-15　MVICS.vi 程序框图

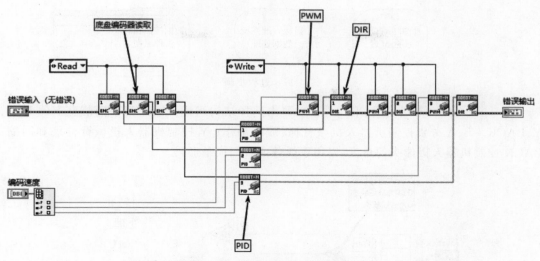

图 4-16　数据控制移动管理系统程序结构

4.3　移动机器人遥控模式下抓放高尔夫球

4.3.1　学习目标

（1）处理手柄数据且控制机器人进行机械臂伸缩。
（2）使用手柄控制机器人完成抓放高尔夫球动作。

4.3.2　学习任务

（1）理解处理手柄数据，控制机器人进行机械臂伸缩并抓球。
（2）使用完整遥控程序完成抓放高尔夫球的动作。

4.3.3　知识链接

本节知识清单如表 4-7 所示。

表 4-7　知识清单

LabVIEW 编程基础	KNIGHT-N 遥控工具包	KNIGHT-N 机械臂控制方法
KNIGHT-N 基础运动遥控控制	KNIGHT-N 抓取机构遥控控制	

4.3.4　过程讲解

过程步骤如图 4-17 所示。
（1）打开 joystick control.vi。与本书 4.1 节步骤相同，详细操作可参照 4.1 节。
（2）目标管理系统数据处理。

图 4-17　过程步骤

① servo control. vi 程序（图 4-18）主要由选择结构组成。输入为手柄信息上的 B、A、Y、BACK。B、A 分别控制机器人机械臂抓、放球动作；Y 控制机器人机械臂伸展和回缩；BACK 控制机器人摄像头的角度，以用于抓球或者扫描条形码。

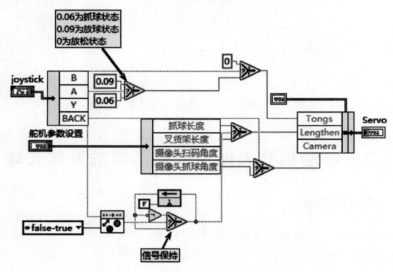

图 4-18　打开 servo control. vi

② 将公式节点处理好的数据送入 Servo 控件中，最后输入 MVICS. vi，该 VI 会将该数组数据分配为目标管理系统各个传感器、舵机的数据，输出到控制机器人的定时循环中。

第 5 章

机 器 视 觉

机器视觉技术是一门涉及人工智能、神经生物学、心理物理学、计算机科学、图像处理、模式识别等诸多领域的交叉学科。机器视觉主要用计算机来模拟人的视觉功能,从客观事物的图像中提取信息,进行处理并加以理解,最终用于实际检测、测量和控制。机器视觉技术最大的特点是速度快、信息量大、功能多。本章从移动机器人赛事出发,介绍关于机器视觉的相关概念,基于视觉助手详细讲解识别球的颜色与花色球面积的方法,重点讲解彩色阈值与粒子面积判断。此外,还介绍了识别一维、二维条码的函数,并讲解相关的编程方法。

通过本章的学习,将理解机器视觉的相关概念,掌握视觉助手的使用方法,识别球色、花色球的面积、条码和二维码的方法。

5.1 识别球色的方法

5.1.1 学习目标

(1)理解机器视觉的相关概念。
(2)掌握视觉助手的使用方法。
(3)掌握彩色阈值的调试方法。
(4)掌握形态学的处理方法。
(5)掌握粒子分析函数的使用方法。

5.1.2 学习任务

(1)使用彩色阈值、粒子处理与粒子分析函数处理图像。

（2）使用 LabVIEW 获取摄像头图像。

（3）使用 LabVIEW 创建子 VI。

5.1.3 知识链接

本节知识清单如表 5-1 所示。

表 5-1 知识清单

LabVIEW 编程基础	机器视觉处理基础	视觉助手的使用
彩色阈值处理函数	形态学处理	粒子分析函数
在 LabVIEW 上获取摄像头图像	创建子 VI	

5.1.4 知识点讲解

1. 数字图像的定义

一幅图像是一个二维数组，其值代表了光强度。对于图像处理，"图像（Image）"这个术语指的是数字图像。一个图像是光强的函数：$f(x, y)$，其中 f 是点 (x, y) 处的亮度，x 和 y 代表图像元素或像素的空间坐标。

按照惯例，空间坐标原点 $(0, 0)$ 的像素位于图像的左上角。如图 5-1 所示，其中 x 从左向右增加，y 从上向下增加。

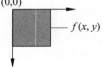

在数字图像处理中，图像传感器将一幅图像转换成离散的像素，图像传感器分配给每个像素一个位置以及一个灰度或颜色值，这个值代表了像素的亮度或颜色。

图 5-1 NI 视觉中图像原点坐标
与方向的定义

2. 图像类型

NI 视觉库可以操作 3 种类型的图像，即灰度、彩色及复数图像。虽然 NI 视觉支持 3 种类型的图像，但是不允许在一些特定的图像类型上执行某些操作，如不能在一幅复数图像上应用逻辑运算。

3. 灰度图像

一幅灰度图像由一个单一的像素平面组成，如表 5-2 所示。每个像素的编码使用以下单一数字。

表 5-2 灰度图像素表

数据类型	灰度值范围	数据类型	灰度值范围
8 位无符号整型	0～255	16 位有符号整型	−32768～32767
16 位无符号整型	0～65535	单精度浮点数	−∞～+∞

4. 彩色图像

一幅彩色图像在内存中的编码是一幅红、绿、蓝（RGB）图像或者是一幅色调、饱和度、亮度（HSL）图像。彩色图像的像素合成了 4 个值。RGB 图像（32 位）对于红、绿、蓝平面分别使用了 8 位保存颜色信息。HSL 图像对于色调、饱和度、亮度均使用 8 位。RGB U64 图像（64 位）对于红、绿、蓝平面使用了 16 位保存颜色信息。在 RGB 或 HSL 颜色模型中，一个额外的 8 位值是没有使用的。这种表示法称为 4 个 8 位或 32 位编码。在 RGB U64 颜色模型中，一个额外的 16 位值是没有使用的。这种表示法称为 4 个 16 位或 64 位编码。

5. 复数图像

复数图像包含灰度图像的频率信息。可以通过对灰度图像进行快速傅里叶变换（FFT）创建复数图像。在将一幅灰度图像转换成复数图像后，可以在图像上进行频域操作。

在复数图像中的每个像素被编码成两个单精度浮点值，它代表了复数像素的实部和虚部。可以从一幅复数图像中提取实部、虚部、模与相位 4 个部分。

6. ROI

ROI（region of interest）是图像中想要进行图像分析的一个区域。使用 ROI 可以聚集想要处理和分析的图像区域，从而提高处理速度与准确度。可以使用标准轮廓定义一个 ROI 区域，如椭圆、矩形、徒手画轮廓等。同时还可以进行下面的操作：

① 在图像显示环境中构造一个 ROI；

② 关联一个 ROI 与图像显示环境；

③ 从图像显示环境中提取一个关联的 ROI；

④ 从图像显示环境中删除当前 ROI；

⑤ 转换一个 ROI 为图像掩模；

⑥ 转换一个图像掩模为 ROI。

ROI 工具栏描述了图像中一个或多个想要分析和处理的区域，如图 5-2 所示。NI Vision 可以使用 ROI

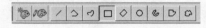

图 5-2　ROI 工具栏

工具。因为不同的函数能够允许的 ROI 类型不同，所以在视觉助手或是 VBAI 等视觉软件中，可以交互地使用 ROI 工具，不同函数显示的 ROI 工具也不一样。而在编程中，也可以在 Image 控件上交互使用 ROI，当然也可以使用编程方式，如图像掩模等方式。

图 5-3　Microsoft LifeCam Cinema

7. 摄像头介绍

Microsoft LifeCam Cinema 摄像头如图 5-3 所示。

① 对焦方式：自动对焦。

② 对焦范围：4 倍数码变焦。

③ 视频图像：Clear Frame 技术可提供流畅的 1280×720 和 30f/s 视频拍摄体验（即最大分辨率为 1280×720，最大帧频为 30f/s）。

④ 其他特点：内置降噪麦克风。

8. 视觉助手 NI Vision Assistant

视觉助手 NI Vision Assistant 如图 5-4 所示。

NI 公司的视觉开发模块是专为开发机器视觉和科学成像应用的工程师而设计的，里面包含 NI Vision Assistant 视觉助手，提供不通过编程就可实现将 LabVIEW 应用快速成型的直观环境。

NI Vision Assistant 可以自动生成 LabVIEW 程序框图，该程序框图中包括 NI Vision Assistant 建模时一系列操作的相同功能。

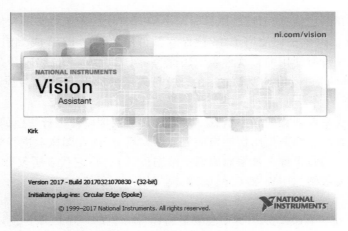

图 5-4　NI Vision Assistant

9. 获取图像界面

在视觉助手的主界面右上角有 3 个工作界面选择框,分别为采集图像(Acquire Images)、浏览图像(Browse Images)和处理图像(Process Images)。选择 Acquire Images,再选择采集图像选板,出现获取图像界面,如图 5-5 所示。

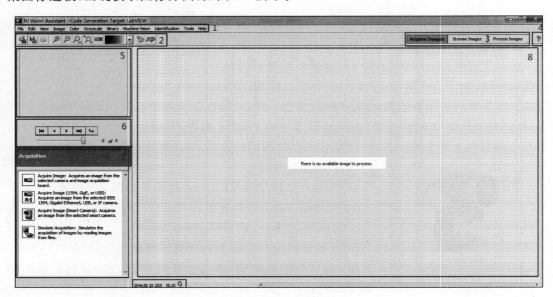

图 5-5　获取图像界面

界面功能如表 5-3 所示。

表 5-3　界面功能表

编号	名　　称	功　　能
1	菜单栏	主要是功能菜单,里面包含所有的视觉助手拥有的功能
2	工具栏	对应相应的功能按钮,如打开图像、保存图像、放大和缩小图像等。另外,在后面的大量空白区域,当在处理图像模式时,还会根据选择的函数不同出现不同的 ROI 工具

续表

编号	名　称	功　能
3	模式按钮	由此选择不同的模式,有采集图像(Acquire Images)、浏览图像(Browse Images)、处理图像(Process Images)3种模式可供选择。一般来讲,通常都是首先执行采集图像,再执行浏览图像(可跳过),之后执行处理图像
4	帮助按钮	单击此按钮会弹出视觉助手的即时帮助
5	参考窗口-图像预览区	即现在采集或处理图像的预览区域。在采集图像或处理图像时,都有此区域
6	图像预览控制区	由此区域中的按钮进行图像处理顺序的控制。由第一张、上张、下张、最后一张、激活当前图像及数量进度条、序号显示等部分构成
7	采集面板	采集图像和处理图像都有函数功能区,可以在此区域中选择相应的函数进行采集图像和处理图像
8	主窗口-图像处理区	即对当前图像进行处理的区域,可以即时看到处理效果及结果等
9	图像信息区	显示了图像的基本信息,如分辨率、放大倍数、灰度值、坐标点等

上面提到的前4项内容在3种模式中都是存在的,只是根据选择的模式与功能不同,可能出现的工具或使用状况也不同。

10. 图像处理界面

模式按钮选择Process Images,出现图5-6所示的界面。

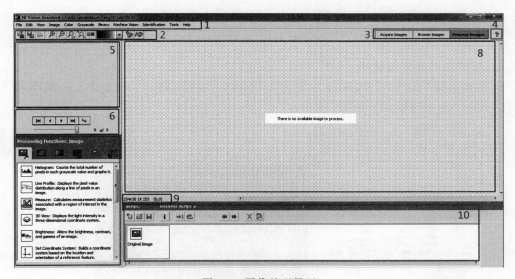

图5-6　图像处理界面

处理图像(Process Images)界面与采集图像界面非常相似,包括以下功能。

(1) 菜单栏。

(2) 工具栏。

(3) 模式按钮。

(4) 帮助按钮。

(5) 参考窗口。

（6）浏览控制区。

（7）函数面板。处理函数面板集成了所有视觉助手可以使用的函数，其中又分为 Image 图像、Color 彩色、Grayscale 灰度、Binary 二值、Machine Vision 机器视觉、Identification 识别几个栏目。

（8）主窗口。

（9）图像信息区。

（10）脚本区。显示、编辑当前检查项目的函数、功能等内容，如图 5-7 所示。脚本区最上面显示的是脚本名，下面一行为工具栏。有新建脚本、打开脚本、保存脚本、脚本属性、运行一次、步退、步进、删除、编辑步骤等，再下面就是脚本中的具体步骤了。在处理函数面板中选择并设置好函数，确定后，就会出现在这个区域中。也可以在此区域中对函数进行再编辑，可以单击脚本工具栏中的编辑步骤按钮，也可以直接双击相应的函数进行编辑，还可以通过右击步骤，在弹出菜单中进行编辑、剪切、复制、粘贴、删除等操作。

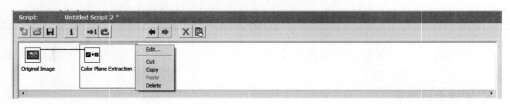

图 5-7　脚本区

5.1.5　过程讲解

1. 摄像头的连接与使用

将摄像头的 USB 插在 MyRIO 上，打开 NI MAX→远程系统→对应连接上的 MyRIO→设备和接口→"cam0"（默认），如图 5-8 所示。

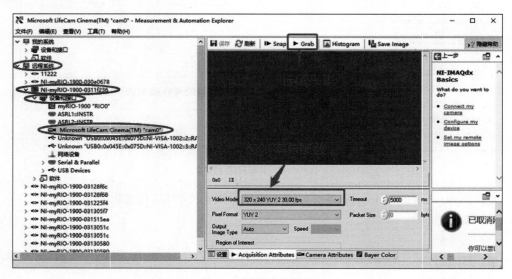

图 5-8　摄像头的设置

2. 视觉助手

视觉助手位于"开始"→"所有程序"→National Instruments → Vision → Vision Assistant,在弹出的界面选择 LabVIEW,如图 5-9 和图 5-10 所示。

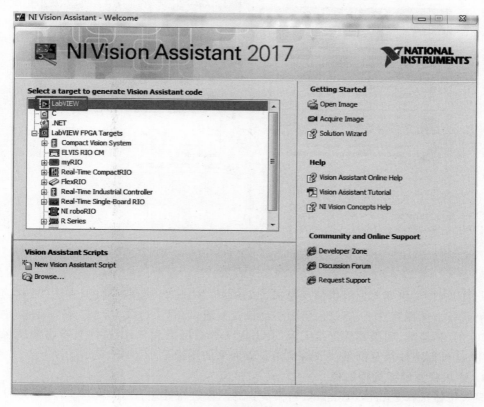

图 5-9 视觉助手欢迎界面

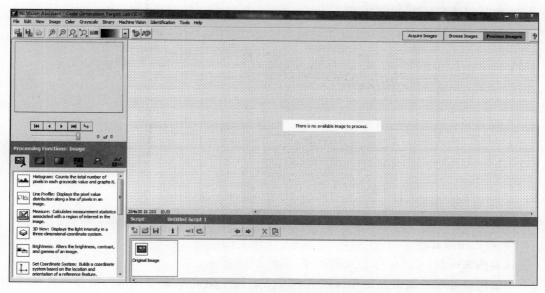

图 5-10 视觉助手主界面

3. 通过视觉助手获取图像

模式按钮选择 Acquire Images，出现图 5-11 所示的采集面板界面。

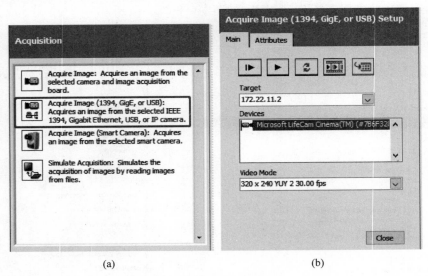

(a) (b)

图 5-11 采集面板

KNIGHT-N 机器人上的摄像头是通过 USB 与 MyRIO 实现连接的，在图 5-11(a)所示的采集面板中选择第二个，会弹出摄像头的设置面板，如图 5-11(b)所示。在 Target 中找到 MyRIO 的 IP 地址，如摄像头连接无误，会出现下方的摄像头名称，这时再单击连续采集功能按钮，就可以通过视觉助手获取摄像头采集回来的图像了。

4. 通过视觉助手处理图像

模式按钮选择 Process Images，对采集到的图像进行处理。

1）图像处理流程

图像处理流程如图 5-12 所示。

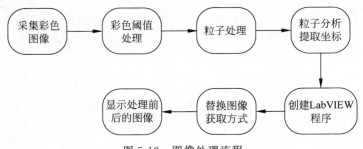

图 5-12 图像处理流程

2）采集彩色图像

在获取图像界面保存摄像头采集到的图像，也可通过工具栏打开保存在本地的图片。

3）彩色阈值处理

处理函数面板：Color-彩色阈值处理，如图 5-13 所示。

彩色阈值处理函数位于处理函数面板 Color，用于区分所需要识别的部分和其他多余的部分。阈值处理函数界面如图 5-14 所示。

图 5-13　处理函数面板：Color 彩色阈值处理

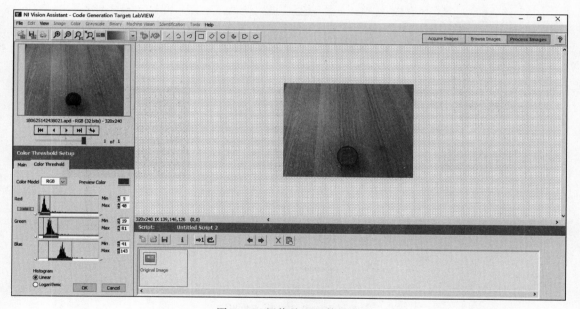

图 5-14　阈值处理函数界面

进入该函数设置界面后，在主窗口选中 ROI 区，即高尔夫球有颜色的部分，在函数设置窗口移动蓝色下限滑杆和红色上限滑杆，在图像上显示就是让尽量多的红色布满高尔夫球而不影响背景。

4）粒子处理

处理函数面板：Binary 粒子处理，如图 5-15 所示。

粒子处理函数位于处理函数面板 Binary 中，用于对阈值处理后的图像进行处理，进一步优化采集到的图像，如图 5-16 所示。

粒子处理过程中通常使用 Fill Hole（填洞）、Remove Small Objects（移除小点）、Convex Full（凸壳函数）3 个高级形态学函数。填洞函数把粒子中间的背景填充成目标；移除小点

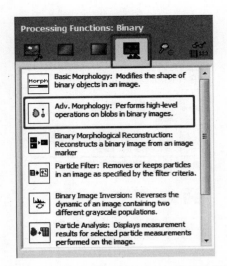

图 5-15　处理函数面板：Binary 粒子处理

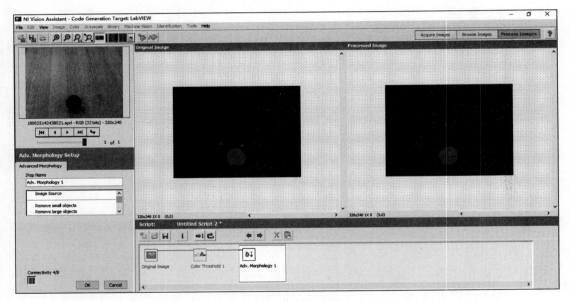

图 5-16　粒子处理函数界面

函数把图像中的细小目标移除，可以使用迭代参数进行设置以移除不同大小的小点；凸壳函数把粒子的边缘面变为凸面，从而更利于后面的粒子分析取得粒子的质心坐标。

5）粒子分析提取坐标

处理函数面板：Binary 粒子分析，如图 5-17 所示。

粒子分析函数位于处理函数面板 Binary 中，用于分析所需部分的各种数据，如中心坐标、面积等，如图 5-18 所示。

通过粒子分析函数，可以得到目标的质量中心坐标(x,y)，然后再通过摄像头的安装位置，获得球与摄像头的相对位置，同时也可以根据目标的面积大小确定与摄像头距离的远近。

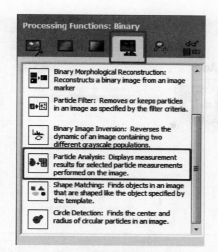

图 5-17 处理函数面板：Binary 粒子分析

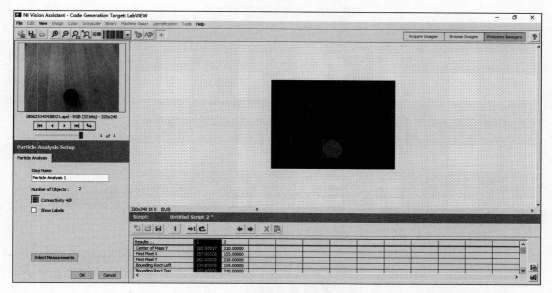

图 5-18 粒子分析函数界面

6）创建 LabVIEW 程序

创建 LabVIEW 程序如图 5-19 所示。

将运行的 LabVIEW 关闭，在"视觉助手"菜单栏中单击 Tools→Create LabVIEW VI...，选择保存路径，然后单击 Finish 按钮，也可以单击 Next 按钮自定义创建的 VI。等待片刻会弹出创建成功的图像处理 VI，将该 VI 添加进 MyRIO 的项目中，便可将该 VI 应用于移动机器人。

7）替换图像获取方式

摄像头处理函数选板如图 5-20 所示。

创建的 VI 图像获取方式是从本地中选择图片的方式，改为从摄像头实时采集图像的方式，相关函数在视觉与运动→NI-IMAQdx 中，如图 5-20 所示。将框内的函数加入上一步创建的 VI 中，替换原来的获取图像方式，如图 5-21 所示。

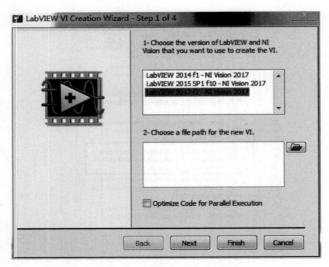

图 5-19　创建 LabVIEW 程序

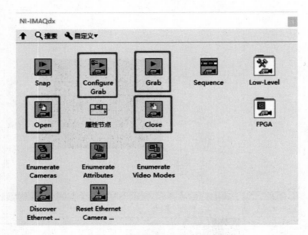

图 5-20　摄像头处理函数选板

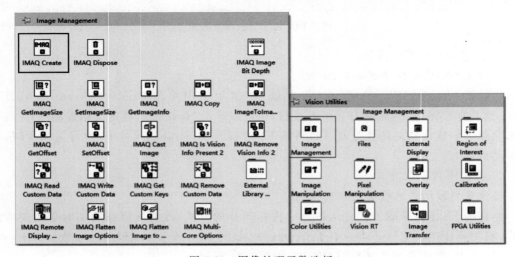

图 5-21　图像处理函数选板

为了便于在前面板观察采集到的图像与处理后的图像,需创建一个缓冲区以存储图像,相关函数在数据视觉与运动→Vision Utilities→Image Management→IMAQ Create 中。如要显示采集到的图像和处理后的图像,则需要创建两个缓冲区,如图 5-22 所示,前面板显示处理前、后的图像,如图 5-23 所示。

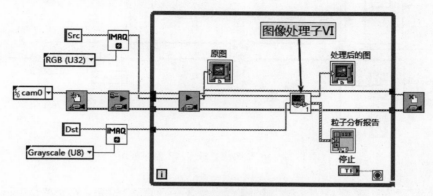

图 5-22　识别全色球程序框图

图 5-23　前面板显示处理前、后的图像

5.1.6　知识拓展

创建一个子 VI,要清楚创建的子 VI 的输入、输出端口有哪些。以图 5-22 所示的 RGB 图像处理子 VI 为例,端口有 ImageSrc(图像来源)、ImageDst(图像存储地址)、error in(错误输入)、Image Out(图像输出)、Particle Reports(Pixels)(像素点分析报告)和 error out (错误输出),如图 5-24 所示。

确定输入、输出端口后,还要把这些端口用输入控件和显示控件表示出来,如图 5-25 所示。

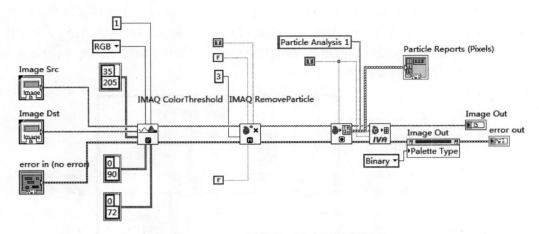

图 5-24　RGB 图像处理子 VI 程序框图

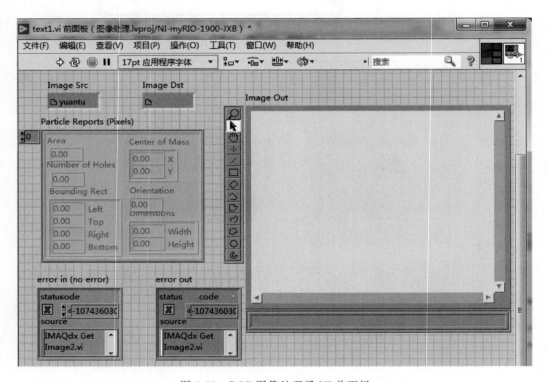

图 5-25　RGB 图像处理子 VI 前面板

　　把这些端口引出来作为 VI 的接线端,需要用到前面板右上角的子 VI 工具。如图 5-26(a)所示,选择对应的模式,选择大于所需端口的模式,每单击一个小格子,为一接线端,再单击接线端对应的控件,实现接线端与控件的连接。完成所有接线端的连接后,还可以创建个性图标,如图 5-26(b)所示。如要使用自己创建的子 VI,可将该 VI 直接拖进程序框图或在选板里选择该 VI。

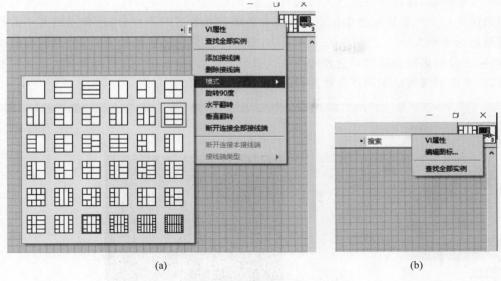

(a)　　　　　　　　　　　　　　　(b)

图 5-26　创建子 VI

5.2　识别花色球的面积

5.2.1　学习目标

(1) 理解物体与摄像头的相对位置对所采集图像效果的影响。

(2) 掌握在 LabVIEW 中识别花色球面积的方法。

5.2.2　学习任务

(1) 使用 LabVIEW 提取簇中的面积信息和坐标信息。

(2) 使用 LabVIEW 的比较函数实现对台球面积的比较。

5.2.3　知识链接

本节知识清单如表 5-4 所示。

表 5-4　知识清单

LabVIEW 编程基础	机器视觉处理基础	视觉助手的使用
彩色阈值处理函数	形态学处理	粒子分析函数
粒子面积判断		

5.2.4　知识点讲解

前文已经讲到,通过粒子分析函数可以得到目标的质量中心坐标$(x、y)$,然后再通过摄像头的安装位置,获得球与摄像头的相对位置,同时也可以根据目标的面积大小确定与摄像头距离的远近。当要区别摄像头识别到的全色球和花色球的面积时,就要用到其中的相对位置与目标面积大小了。如图 5-27 所示,当摄像头与两颗球距离较近时,经过前期的图像处理,粒子分析函数会输出识别到的两颗球的面积大小,全色球与花色球面积大小区别非常明显,据此即可编写出识别花色球面积的程序。

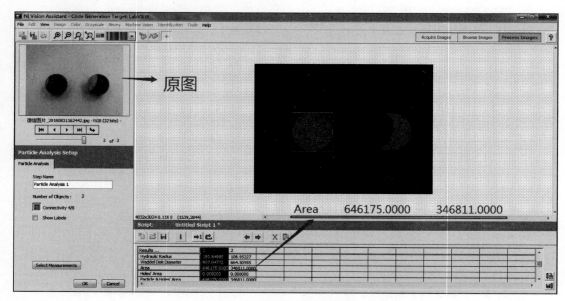

图 5-27 提取粒子分析中的面积数据

5.2.5 过程讲解

过程步骤如图 5-28 所示。

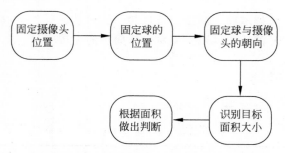

图 5-28 固定球与摄像头的相对位置与摆向流程框图

打开识别全色球的程序,单击"另存为",在弹出界面中打开副本,保存为"识别全色球.vi",在识别全色球程序的基础上编写识别花色球面积的程序。

要识别全色球与花色球的面积,需按图 5-28 所示步骤固定球与摄像头的相对位置与摆向,然后在粒子分析的输出簇里提取面积数据,如图 5-29 所示,根据该面积数据,调整球的摆向,得到一个与识别全色球面积数据差别较大的数据。

固定了球的摆向后,以此面积数据大小在程序框图中增加一个面积范围判断,如测出面积为 6732,则以面积上限 8000、下限 5000 为例编写程序。如图 5-30 所示,即可实现识别花色球面积的功能。

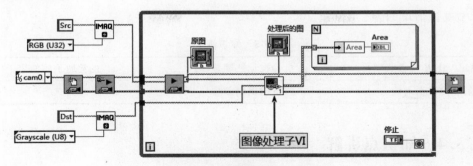

图 5-29　识别花色球的面积

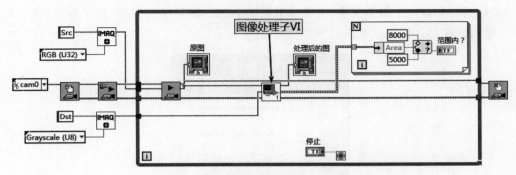

图 5-30　识别花色球面积的程序框图

5.2.6　知识拓展

(1) 利用本章讲解的机器视觉的知识,获取红球距离摄像头不同距离时的面积。

(2) 将摄像头垂直向下,放置红、黄、蓝 3 个球在抓取机构正下方,要求抓取机构只抓取红色球,其余情况不抓球。

5.3　识别条形码和二维码

5.3.1　学习目标

(1) 了解条形码、二维码的构成原理。

(2) 掌握条形码识别函数的使用方法。

(3) 掌握二维码识别函数的使用方法。

5.3.2　学习任务

(1) 通过摄像头读取条形码信息。

(2) 通过摄像头读取二维码信息。

5.3.3　知识链接

本节知识清单如表 5-5 所示。

表 5-5　知识清单

LabVIEW 编程基础	机器视觉处理基础	视觉助手的使用
条形码识别函数	二维码识别函数	

5.3.4　知识点讲解

1. 识别面板

函数面板上有一个识别菜单,主要用于识别 OCR/OCV 字符识别、粒子分类、条形码读取、二维码读取等。识别面板如图 5-31 所示。

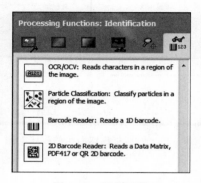

图 5-31　识别面板

2. 识别条形码 Barcode

NI 视觉支持如表 5-6 所示条形码格式。

表 5-6　条形码表

条形码图片	格　式	条形码图片	格　式
1234567890	Code 25	1 234567 890005 >	EAN 13
1234567890	Code 39	1234567890	Codebar
1234567890	Code 93	12345678903	MSI

条形码图片	格　式	条形码图片	格　式
	Code128		UPC A
	EAN 8		Pharmacode
	GS1 Databar Limited		

识别条形码的过程包含以下两个阶段。

（1）学习阶段。用户在图像中指定一个 ROI 区域,以帮助算法定位条形码占有的区域。

（2）识别阶段。在用户指定的区域分析图像以解码条形码。

3. 条形码算法限制

下面的因素可能会导致错误的解码过程:

（1）图像的分辨率非常低;

（2）非常高的水平或垂直亮度偏差;

（3）图像中条与条间的对比度;

（4）噪声干扰。

因为条形码有两种不同的宽度要求,所以条形码的限制条件也是不一样的。一种是只有两种不同宽度的条(黑线)和空(白间隔),如 Code 39、Codebar、Code25、MSI 和 Pharmacode;另一种是有大于两种宽度的黑条和空白,如 Code 93、Code 128、EAN 13、EAN 8、UPCA 和 GS1 Databar Limited。

图像的分辨率取决于最小的条或空的宽度。对于所有的条形码,这个宽度必须大于3 个像素。

亮度偏差被定义为条形码背景上左边/上边线与右边/下边线的平均灰度值的差异。对于条和空只有两种不同宽度的条形码,亮度偏差大于 120 时可能会发生解码错误。而对于条和空有 4 种不同宽度的条形码,亮度偏差大于 100 时可能会发生解码错误。

在过度曝光的图像中,条形码中宽条和窄条的灰度值往往不同。当灰度差小于 80 时对于两种不同宽度的条和空的条形码,或当灰度小于 100 时对于 4 种不同宽度的条和空条形码,解码结果可能不准确。

考虑窄条和宽条之间的灰度值差异,窄条几乎是看不到的。如果在 8 位 256 级的图像中,这种灰度差异在两种不同宽度的条和空的条形码上超过 115,在 4 种不同宽度的条和空的条形码上超过 100,结果可能是不准确的。

噪声被定义为在背景上画的一个矩形区域的标准偏差。该噪声在有两种不同宽度的条和空的条形码中必须小于 57,在有 4 种不同宽度的条和空的条形码中必须小于 27。

条形码反光会使值的阅读产生错误。同样,条和空被反光掩盖也会生成错误。

4. Barcode Reader 条形码阅读器

1) 视觉助手的条形码阅读

NI 视觉助手中条形码阅读器位于图 5-31 的 Barcode Reader 中。这个函数只能读取一维码,读取二维码的函数是下面的一个函数。NI 视觉助手中一维码与二维码的阅读是分开的。选择一张条形码图片,单击阅读器函数,进入配置界面,如图 5-32 所示。

图 5-32　条形码阅读器配置界面

2017 版的条形码阅读器会自动识别 Barcode Type(条形码类型),如果没有这一功能就需要逐个尝试。

2) Validate(验证)

使用时,条形码阅读器会验证条形码数据。这个选项仅当条形码类型是 Codabar、Code 39、Interleaved 2 of 5 几个类型时有效。这些条形码内置了纠错信息,而对于其他条形码,要么不需要验证,要么必须要验证而且验证是自动执行的。

3) Add Special Character to Code Read(添加特殊字符到代码阅读)

当启用时,函数添加特殊字符到解码数据中。这个功能仅适用于 Codabar、Code 128、EAN8、EAN 13 及 UPCA 等几类包含特殊字符的条形码。

4) Add Checksum to Code Read(添加校验和到代码阅读)

当使用时,函数添加从读取的条形码中得到的校验和值到解码数据中。参考表 5-7 中各种类型条形码关于特殊字符、数据和校验和的格式。

表 5-7　条形码格式

条形码类型 (Barcode Type)	特殊字符 (Special Characters)	格　式 (Layout)
Codabar	Start character and stop character	＜start char＞＜data＞＜checksum＞＜stop char＞
Code 39	None	＜data＞＜checksum＞
Code 93	None	＜data＞＜checksum＞

续表

条形码类型 （Barcode Type）	特殊字符 （Special Characters）	格　式 （Layout）
Code 128	FNC Number	＜FNC＞＜data＞＜checksum＞
EAN 8	Country character 1 and 2	＜country char1＞＜country char2＞＜data＞ ＜checksum＞
EAN 13	Country character 1 and 2	＜country char1＞＜country char2＞＜data＞ ＜checksum＞
Interleaved 2 of 5	None	＜data＞＜checksum＞
MSI	None	＜data＞＜checksum＞
UPCA	System char	＜system char＞＜data＞＜checksum＞
Pharmacode	None	＜data char＞
GS1 DataBar Limited（previously referredto as RSS-14 Limited）	None	＜left guard＞＜left data char＞＜check char＞ ＜right datachar＞＜right guard＞

5. 二维码概述

二维码表如表 5-8 所示，二维码通常有矩阵码和多行条形码两种模式。矩阵码是基于矩阵中方形、六边形或圆形的元素位置进行数据编码。多行条形码编码数据是由多个堆叠的条形码数据组成的。NI 视觉目前支持 PDF417、数据矩阵（Data Matrix）、QR 码（QR Code）以及微型 QR 码（Micro QR Code）等几种二维码格式。

表 5-8　二维码表

条形码图片	格式	条形码图片	格式
	PDF417		QR Code
	Data Matrix		Micro QR Code

二维码识别也包括以下两个阶段。

（1）粗定位阶段，用户可以在图像中指定一个 ROI，以帮助定位二维码占用的位置。这个阶段是可选的，它可以提高第二阶段的性能，减少搜索区域的大小。

（2）定位和解码阶段，在此期间软件在 ROI 中搜索一个或多个二维码并解码每个二维码的位置。

6. 影响二维码识别的因素

以下因素可能导致在搜索和解码阶段或二维码识别过程中出现错误：

（1）图像分辨率非常低；

（2）非常大的水平或垂直亮度偏差；

（3）图像上沿着黑条方向的对比度较低；

（4）很高的噪声或图像模糊；

（5）不一致的印刷或冲印技术，如代码元素不对齐、不一致的元素大小或者不一致的元素边界；

（6）在 PDF417 码中，一个空白区域包含太少或太多的噪声。

7．二维码阅读器（2D Barcode Reader）

1）颜色平面抽取（Color Plane Extraction）

在进行二维码读取前，首先要对二维码图片进行灰度处理，以方便后面的图像处理，这里使用颜色平面抽取函数。

颜色平面抽取函数的功能是从一幅彩色图像中提取 3 个颜色平面中的一个，3 个平面可以是不同的颜色模型，如 RGB、HSV、HSL 等。因为此函数是从彩色图像中抽取 3 个平面中的一个，而每个颜色模式的单一平面都是 8 位的灰度图，因此抽取出来的是一个灰度平面，所以这个函数是最直接的可以将彩色图像转换为灰度图像的函数。其函数在处理函数面板中的位置如图 5-33 所示。

图 5-33　Color Plane Extraction

首先加载一幅二维码彩色图像，然后单击颜色平面抽取函数，进入颜色平面抽取界面，如图 5-34 所示。

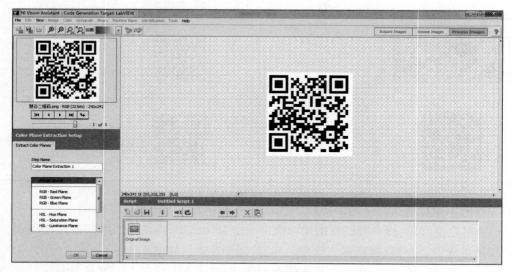

图 5-34　颜色平面抽取界面

在 Color Plane Extraction 的 Setup 选项卡中，有一个抽取颜色平面（Extract Color Planes）选项卡，其中有一个颜色模型及颜色平面组成的列表框。对于二维码图像，抽取 RGB 颜色模型中红色、绿色、蓝色中的任何一个效果都差不多，这里选择 RGB-Red Plane

RGB。将二维码彩色图像转换为灰度图后就可以进行二维码识别了。

2）使用视觉助手阅读二维码

NI 视觉助手中的二维码阅读器位于图 5-31 中的 2D Barcode Reader 中。这个函数只能读取二维码。二维码图片经过灰度处理后，单击阅读器函数，进入配置界面，如图 5-35 所示。

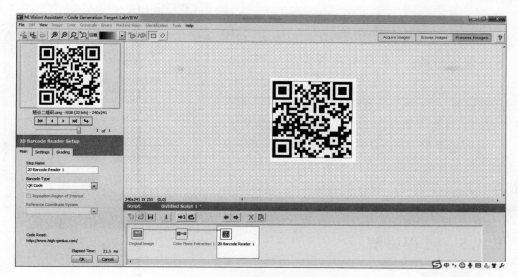

图 5-35　二维码阅读函数配置界面

3）主体选项卡

二维码阅读器主体选项卡如图 5-36 所示。二维码的主体选项卡与其函数的主体选项卡略有不同，它除了步骤名、移动 ROI、参考坐标系外，还有一个 Barcode Type 条形码类型及 Code Read 读取的条形码、Iterations 迭代次数（数据矩阵专用）、Errors Corrected 纠错（PDF 417 专用）、Elapsed Time 运行时间等几个参数。

4）条形码类型（Barcode Type）

条形码类型用于控制需要阅读的二维码的类型。从前面的知识中了解到，二维码有数据矩阵 Data Matrix、PDF417、QR 码等几种类型，因此，需要根据二维码的类型手动选择相应的条形码类型。函数并不能自动识别二维码类型。

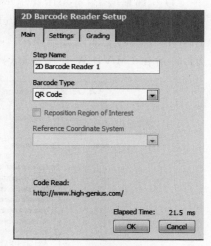

图 5-36　二维码阅读器主体选项卡

在 LabVIEW Vision 中，这 3 类二维码的识别函数是独立分开的。不过这种二维码比一维码易于识别，数据矩阵没什么特征，如果看到正文形式的、有许多点的二维码，则为数据矩阵。PDF417 码是许多一维条形码堆叠起来的，因此其两边总是长条，而中间会有许多小点。QR 码则在 3 个角上有 3 个"回"字形的取景器模式，微型 QR 码也有一个"回"字形取景器模式。

5) 条形码阅读(Code Read)

用于显示当前图像中阅读到的二维码信息。如果识别到了条形码,会显示条形码信息;

如果没有找到,则显示 2D barcode not found;如果未设置 ROI,还会提示 Draw an ROI to Search for 2D barcode。

设置选项卡,其中的参数是根据选择的条形码类型确定的,而且只对数据矩阵与 QR 码有效,PDF 417 不用设置参数。QR 码的参数设置如图 5-37 所示。

参数设置是一个二维表格,第一列罗列了所有支持的参数,这些参数分为 3 类:①Basic 基本参数;②Search 搜索参数;③Cell Sampling 单元格采样参数。第二列为参数的输入值或可选择的值。第三列为使用的值,主要针对一些有自动检测的参数,在这一列会显示出搜索结果最后使用的值。

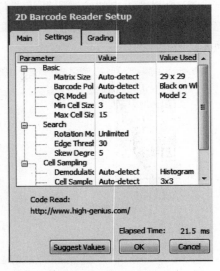

图 5-37　数据矩阵参数设置

5.3.5　过程讲解

1. 条形码识别

打开视觉助手,采集保存条形码图片或直接打开本地的条形码图片,配置好阅读器函数。在菜单栏单击 Tools→CreateLabVEIW VI...,选择保存路径,连续单击 Next 按钮,在图 5-33 所示的界面内选择输出选项,完成后生成一个带有条形码信息输出簇的 LabVIEW VI,即可在 LabVIEW 使用条形码识别函数,如图 5-38 所示。

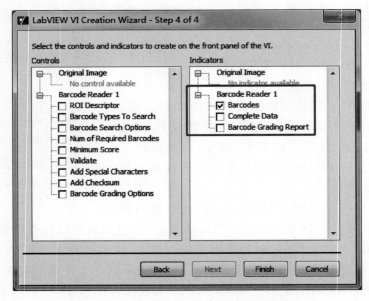

图 5-38　条形码 VI 创建面板设置界面

2. 二维码识别

打开视觉助手,采集保存二维码图片或直接打开本地的二维码图片,配置好阅读器函数,在菜单栏单击 Tools→CreateLabVEIW VI...,选择保存路径,连续单击 Next 按钮,在图 5-38 所示的界面内选择输出选项,完成后则生成一个带有二维码信息输出簇的 LabVIEW VI,即可在 LabVIEW 使用二维码识别函数,如图 5-39 所示。

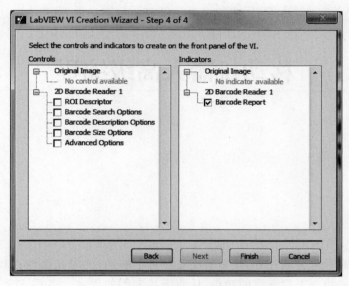

图 5-39　二维码 VI 创建面板设置界面

用二维码检查不同产品时,其耗时差别非常大,从几毫秒到几百毫秒都有可能。检查视野中只有一个二维码时,检查是最快的。因此,在二维码识别实际应用时,也可以考虑相机视野只针对二维码,尽量减少其他干扰二维码,从而加快扫描速度。

第 6 章

移动机器人高级编程

　　机器人需要高效地完成任务,只靠基础功能是不够的,此时高级编程就显得尤其重要,它可以让机器人做出一系列连贯的动作,从而满足人们的要求。本章结合第3章和第5章的内容,对机器人的高级编程进行详细讲解。

　　通过本章的学习,将掌握状态机的编写、机器人基本路径规划和结合机器人视觉抓取花色球的方法。

6.1　移动机器人抓放球路径规划

6.1.1　学习目标

（1）熟练掌握状态机。

（2）学会机器人的基本路径规划。

6.1.2　学习任务

通过组合运动实现机器人路径规划。

6.1.3　知识链接

本节知识清单如表 6-1 所示。

表 6-1　知识清单

LabVIEW 编程基础	KNIGHT-N 工具包	KNIGHT-N 基础运动
状态机	编码值清零	判定范围并强制转换函数

6.1.4　知识点讲解

1. 状态机

允许在一个 while 循环或定时循环内顺序迭代执行的一个或多个分支。

状态机三要素为移位寄存器、while 循环、条件结构。移位寄存器用于保存状态和决定当前状态,也可以用反馈节点代替移位寄存器。

如图 6-1 所示状态机的作用完全一样,区别是左边的状态机使用的是移位寄存器,右边的状态机使用的是反馈节点。

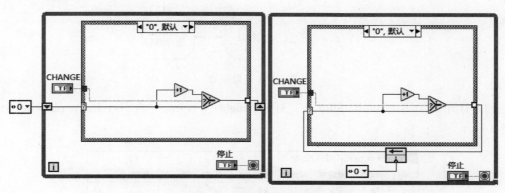

图 6-1　两种状态机的比较

2. 编码值清零

只要电机运转,机器人电机编码器的数值就会发生变化。编码值为一个累加值,直到程序停止之前编码值都会一直变化。左右平移时机器人 1 轮的设定编码值需为 2、3 轮的 2 倍,这样在组合运动时会出现以下问题:假如平移 1000 编码后旋转 1000 编码,2、3 轮走 2000 编码,但 1 轮需要走 3000 编码,如果组合运动更多编码值的计算就会非常麻烦。如果使用编码值清零,即可省去编码值的计算。

编码值清零由反馈节点、比较函数、减法函数组成。编写思想为:当机器人该状态的动作未完成时,给比较函数"假"信号,编码值保持;当机器人该状态的动作完成后,给比较函数"真"信号,编码值清零,如图 6-2所示。

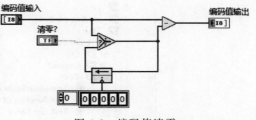

图 6-2　编码值清零

新函数介绍如表 6-2 所示。

表 6-2　新函数介绍

名　　称	图　　标	功　　能
判定范围并强制转换	上限 x 下限　已强制转换(x) 范围内?	依据上限和下限判断 X 是否在范围内

操作：右击程序框图，选择比较，判定范围并强制转换。

6.1.5　过程讲解

过程步骤如图 6-3 所示。

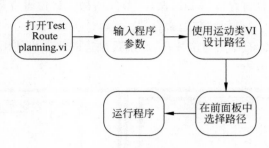

图 6-3　过程步骤

（1）打开 Test Route planning. vi。打开 Knight-N. lvproj 中的 Test-Route planning. vi，如图 6-4 所示。

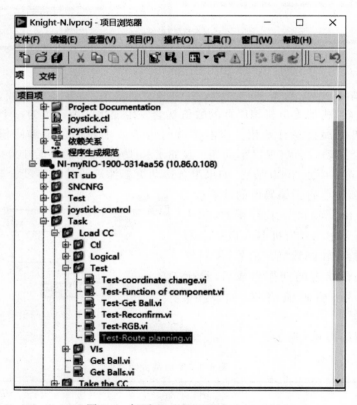

图 6-4　打开 Test Route planning. vi

（2）打开 Test Route planning. vi 程序框图，将"找球角度""U 形/导形/直线形""找球高度"选择合适的值后，输入到对应的程序参数中，如图 6-5 所示。

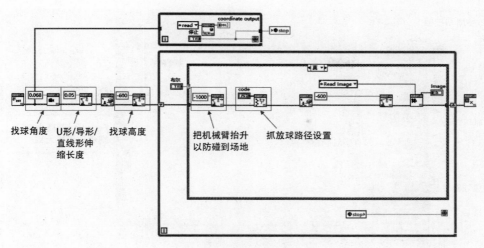

图 6-5 输入参数

（3）进入路径规划区，使用运动类 vi 设置路径。双击进入图 6-6 所示的抓放球路径设置界面。

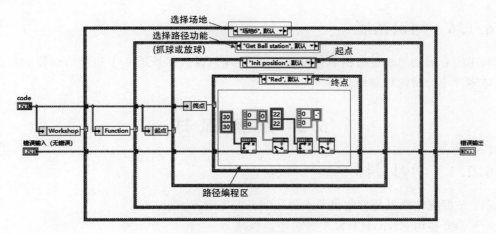

图 6-6 抓球路径规划区

根据不同的条件选择框，选择需要规划的路径线路。在路径编程区中灵活加入基础运动的 vi 及数值，即可完成抓放球的路径规划。

例如，图 6-6 所示的场地中，要从起始位置到红色高尔夫球零件框进行抓球路径规划。机器人具体动作为：①利用红外超声波进行向后、向右的距离矫正；②使用坐标定点移动；③再次用红外超声波进行向后、向右的距离矫正；④使用坐标定点移动。

（4）在前面板利用 workshop 控件选择对应路径。在前面板利用 workshop 控件进行场地、抓/放球、出发位置和目标位置设置，如图 6-7 所示。

（5）运行程序。运行程序，可以发现机器人按照所设置路径移动，最后停下。

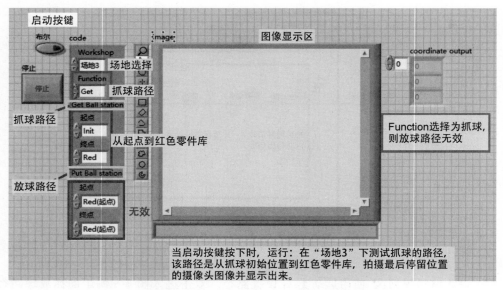

图 6-7 利用前面板 workshop 控件选择对应路径说明

6.1.6 知识拓展

利用组合运动思想进行机器人路径规划,实现机器人在场地 6 中从起始位置到蓝色高尔夫球零件库处的抓球路径。

6.2 定 点 抓 球

6.2.1 学习目标

(1)掌握视觉数据与控制机器人程序结合的思维方法。

(2)学会使用 KNIGHT-N 工具包定点抓球。

6.2.2 学习任务

通过控制工具包使机器人完成定点抓球任务。

6.2.3 知识链接

本节知识清单如表 6-3 所示。

表 6-3 知识清单

LabVIEW 编程基础	KNIGHT-N 工具包	KNIGHT-N 机械臂控制
机器视觉处理基础	视觉助手的使用	已用时间函数

6.2.4 知识点讲解

1. 定点抓球的思路

定点抓球流程如图 6-8 所示。

定点抓球可分为两步：①获取视野内高尔夫球的坐标数据；②通过坐标数据控制机械臂抓球。

图 6-8 定点抓球流程

通过机器视觉处理得到高尔夫球的坐标、面积等数据后，通过并行循环间数据传输把视觉坐标传送到机器人控制程序，经过调整坐标→伸展固定长度→抓球→复位操作，即可完成控制视野内的高尔夫球动作。

调整坐标：根据高尔夫球坐标，让机械臂通过旋转和伸展动作移动到固定的坐标。例如，抓球固定坐标为(180,180)，当前高尔夫球坐标为(100,137)，则机械臂会根据差值调整位置。

伸展固定长度：伸出固定长度，让机械臂上抓取机构到达高尔夫球正上方。

调整坐标的固定坐标和伸展固定的长度，需要根据实际情况指定，假如设定固定坐标离高尔夫球较远，机械臂伸展的固定长度就要更长，这需要使用者自己设定。

抓球：让抓取机构下降抓球。

复位：复位分为抓取机构复位和机械臂复位。

2. 已用时间函数

新函数介绍如表 6-4 所示。

表 6-4 新函数介绍

名　　称	图　　标	功　　能
已用时间	设置起始时间(s)　目标时间(s)　重置　自动重置　错误输入（无错误）→ ⏱ →当前日期和时间(s)　当前日期和时间文本　已用时间(s)　结束　已用时间文本　错误输出　起始时间文本　获取起始时间(s)	得到从计时开始到结束的时间，或作为定时器

位置：鼠标右击程序框图→编程→Timing→已用时间。

6.2.5 过程讲解

过程步骤如图 6-9 所示。

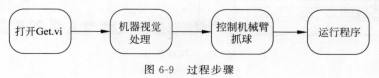

图 6-9 过程步骤

（1）打开 Get. vi 程序框图，如图 6-10 所示。

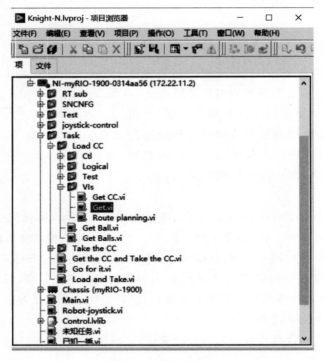

图 6-10　打开 Get. vi

（2）机器视觉处理。与第 5 章识别花色球的步骤相同，识别出一种花色球，得到坐标信息。

（3）控制机械臂抓球。抓球过程如图 6-11 所示。

① 首先机器人启动摄像头获取视野。

② 通过机器视觉处理得到相应坐标信息。

③ 将坐标信息发送至移动控制区域，驱动机器运动到小球上方。

④ 驱动舵机松开绳子。

⑤ 下降带有套筒的机械臂，包裹小球。

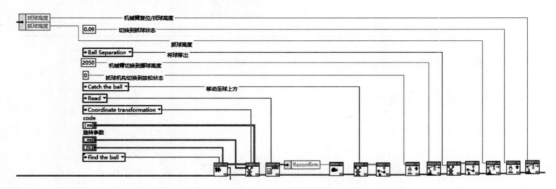

图 6-11　抓球程序

⑥ 驱动舵机收紧绳子。

⑦ 机械臂复位,完成抓球。

（4）运行程序。因为 Get. vi 是已知—插. vi 中的一个子 vi,因此,要运行已知—插. vi 才可观察 get. vi 的抓球动作。另外,需要调整设定坐标和伸展固定长度使抓取机构到达高尔夫球上方。坐标一般设定为视野中央,再根据此时机械臂的长度调整固定长度即可。

6.2.6　知识拓展

让机器人完成抓球、放球、取零件车和运输零件车到工作站的一系列完整比赛任务。

第 7 章

机器人故障排除

移动机器人是一个复杂的系统,其功能的实现是机器人上所有器件协调工作的结果,当机器人出现故障时,原因通常也是多种多样的。本章以常见故障现象为引导,阐述机器人排除故障的方法。故障可分为移动管理系统的故障、目标管理系统的故障、视觉系统的故障、遥控模式相关的故障、整体的故障。

通过本章的学习,将掌握以上常见故障的排除方法。由于故障现象无法一一罗列,读者在学习本章内容时,应该深入理解排除故障的思路和方法背后的原理,在遇到类似现象时,才能做到触类旁通。

7.1 运动控制系统的故障

7.1.1 现象 1:轮子无法匀速转动、无法用 PID 进行控制

轮子无法匀速转动、无法用 PID 进行控制的原因分析及故障排除步骤如表 7-1 所示。

表 7-1 轮子无法匀速转动、无法用 PID 进行控制的原因分析及故障排除步骤

现象细分	可能原因	故障排除步骤
轮子转速不稳定	比例控制参数 P 过大	确认 PID 增益设置是否恰当。其中,重点留意比例控制参数 P 是否过大,可减小比例控制参数 P,观察控制效果有无改善。注:一般工具包中 PID 参数无须改动,保持原设置即可
	轮子松脱	(1) 确认机器人上的轮子连接零件是否齐全 (2) 确认所有连接的螺钉和顶丝没有松动

续表

现象细分	可能原因	故障排除步骤
轮子转速不稳定	电机编码器损坏	(1) 打开基础功能测试程序,测试电机能否正常运转,如果转速仍不稳定,进行第(2)步;如果转速稳定,请联系技术人员 (2) 确认故障电机的编码器接线连接是否牢固 (3) 将故障电机的编码器接至可以正常使用的编码器接口,用基础功能测试程序测试能否正常使用,如果可以,则为编码器接口故障;如果不能,则为电机编码器损坏,需更换电机

7.1.2　现象 2：超声波测距传感器无数据或数据错误

超声波测距传感器无数据或数据错误原因分析及故障排除步骤如表 7-2 所示。

表 7-2　超声波测距传感器无数据或数据错误原因分析及故障排除步骤

现象细分	可能原因	故障排除步骤
超声波测距传感器没有数据	传感器损坏	(1) 查看超声波测距传感器指示灯是否亮起,如果超声波指示灯没亮,进行第(2)步,如果超声波指示灯亮起,跳至第(3)步 (2) 检查超声波测距传感器接线是否正确、接口供电电压是否正常,如果接线正确、接口供电正常,超声波测距传感器指示灯仍不亮,则更换超声波测距传感器 (3) 试更换一个已知能正常使用的超声波测距传感器,如果更换传感器后能读取数据,证明原传感器损坏,应更换传感器
	线路异常	用万用表蜂鸣挡确认从 MyRIO 到传感器接口的线路导通
超声波测距传感器有数据但不准确	程序有误	(1) 确认程序正常运行,没有报错 (2) 确认程序正确无误
	传感器损坏	试更换一个已知能正常使用的超声波测距传感器,如果更换传感器后能正确读取数据,证明原传感器损坏,应更换传感器

7.1.3　现象 3：红外测距传感器无数据或数据错误

红外测距传感器无数据或数据错误原因分析及故障排除步骤如表 7-3 所示。

表 7-3　红外测距传感器无数据或数据错误原因分析及故障排除步骤

现象细分	可能原因	故障排除步骤
红外测距传感器没有数据	传感器损坏	(1) 检查红外测距传感器接线是否正确,如果接线正确,仍没有数据,试更换一个已知正常的红外测距传感器 (2) 如果更换传感器后有数据返回,证明原传感器损坏 (3) 如果更换传感器后仍无数据返回,检查"线路异常"
	线路异常	用万用表蜂鸣挡确认从 MyRIO 到传感器接口的线路导通

现象细分	可能原因	故障排除步骤
红外测距传感器 有数据但不准确	程序有误	(1) 确认程序正常运行,没有报错 (2) 确认程序正确无误
	传感器损坏	试更换一个已知能正常使用的红外测距传感器,如果更换传感器 后能读取数据,证明原传感器损坏,应更换传感器

7.1.4 现象 4：QTI 循线传感器无数据或数据错误

QTI 循线传感器无数据或数据错误原因分析及故障排除步骤如表 7-4 所示。

表 7-4　QTI 循线传感器无数据或数据错误原因分析及故障排除步骤

现象细分	可能原因	故障排除步骤
QTI 循线传感 器没有数据	程序有误	检查读取程序有无错误
	传感器损坏	(1) 检查 QTI 循线传感器接线是否正确,如果接线正确,仍没有 数据,试更换一个已知正常的 QTI 循线传感器 (2) 如果更换传感器后有数据返回,证明原传感器损坏 (3) 如果更换传感器后仍无数据返回,检查"线路异常"
	线路异常	用万用表蜂鸣挡确认从 MyRIO 到传感器接口的线路导通
QTI 循线传感 器有数据但不 准确	程序有误	(1) 确认程序正常运行,没有报错 (2) 确认程序正确无误
	传感器损坏	试更换一个已知能正常使用的 QTI 传感器,如果更换传感器后 能读取数据,证明原传感器损坏,应更换传感器

7.1.5 现象 5：轮子经常性松脱

轮子经常性松脱原因分析及故障排除步骤如表 7-5 所示。

表 7-5　轮子经常性松脱原因分析及故障排除步骤

现象细分	可能原因	故障排除步骤
轮子脱落	顶丝滑丝	(1) 检查轮子周围螺钉是否完好无缺 (2) 检查顶丝是否松动,丝口有没有滑丝 (3) 若只是松动拧紧即可,若滑丝则需要更换滑丝部位

7.1.6 现象 6：机器人直线运动、旋转角度严重偏差

机器人直线运动、旋转角度偏差严重原因分析及故障排除步骤如表 7-6 所示。

表 7-6　机器人直线运动、旋转角度偏差严重原因分析及故障排除步骤

现象细分	可能原因	故障排除步骤
直线偏移旋转偏角	场地不平；机器硬件松动；驱动板损坏；传感器损坏；接线接触不良	（1）检查场地、机器人轮子上是否有障碍物；清理、擦拭地板和轮子 （2）检查底盘结构，包括电机减速箱、电机座盖以及轮子的松动情况 （3）检查电机、陀螺仪电气连接情况 （4）测试电机编码器、陀螺仪是否正常

7.1.7　现象 7：下载程序机器人不动

程序正确并可下载运行，但机器人不动原因分析及故障排除步骤如表 7-7 所示。

表 7-7　下载程序后机器人不动原因分析及故障排除步骤

现象细分	可能原因	故障排除步骤
下载程序后设备无动作	WiFi 连接异常	（1）检查 WiFi 的连接情况；重新连接
	电池没电	（2）检查电池电量；更换电池
	序列号缺失或错误	（3）检查序列号输入
	急停按钮按下	（4）检查急停按钮是否被按下；恢复急停按钮

7.1.8　现象 8：升降位置不准、升降失控

升降不按照指定位置升降或升降速度失控的原因分析及故障排除步骤如表 7-8 所示。

表 7-8　升降位置不准或失控原因分析及故障排除步骤

现象细分	可能原因	故障排除步骤
升降位置不准确或失控	升降结构松动	（1）检查升降结构松动情况 （2）测试升降电机
	升降电机损坏	
	升降电机编码器损坏	

7.2　视觉系统的故障

7.2.1　现象 1：无法采集图像

无法采集图像原因分析及故障排除步骤如表 7-9 所示。

表 7-9　无法采集图像原因分析及故障排除步骤

现象细分	可能原因	故障排除步骤
无法打开摄像头	没有插 USB 接口	确认摄像头 USB 线正确接入 MyRIO 的 USB 接口
	程序有误	确认程序没有报错
	摄像头损坏	将摄像头连接计算机进行测试

7.2.2 现象 2：摄像头发热

摄像头发热原因分析及故障排除步骤如表 7-10 所示。

表 7-10 摄像头发热原因分析及故障排除步骤

现象细分	可能原因	故障排除步骤
摄像头发热	视觉采集程序长时间运行导致摄像头长时间开启	建议不需要采集图像时不要运行视觉采集程序

7.2.3 现象 3：在程序上无法识别摄像头

在程序上无法识别摄像头原因分析及故障排除步骤如表 7-11 所示。

表 7-11 在程序上无法识别摄像头原因分析及故障排除步骤

现象细分	可能原因	故障排除步骤
无法识别	没有选择摄像头	在视觉程序中的 IMAQdx Open Camera VI 的 Session In 端选择相应摄像头
	MyRIO 没有连接	通过 NI MAX 检查 MyRIO 是否连接

7.3 整体的故障

7.3.1 现象 1：电机发热严重

电机发热严重原因分析及故障排除步骤如表 7-12 所示。

表 7-12 电机发热严重原因分析及故障排除步骤

现象细分	可能原因	故障排除步骤
电机发热严重	电机堵转	断开电源,检查造成堵转的机构: (1) 如机械臂伸缩电机发热,检查机械臂伸缩是否顺畅,如有卡顿需排除机械安装故障 (2) 如机身旋转电机发热,检查机身旋转是否顺畅,如有卡顿,需排除机械安装故障 (3) 如底盘电机发热,检查轮子转动是否顺畅,如有卡顿需排除机械安装故障

7.3.2 现象 2：驱动芯片发热严重

驱动芯片发热严重原因分析及故障排除步骤如表 7-13 所示。

表 7-13 驱动芯片发热严重原因分析及故障排除步骤

现象细分	可能原因	故障排除步骤
驱动板发热	电机堵转	故障排除步骤同 7.3.1 小节的现象 1
	发生短路	检查电路板是否因卡住螺钉等物体造成短路
	驱动板故障	如果以上步骤不能解决问题,考虑更换电路板

7.3.3 现象 3:无法打开工具包

无法打开工具包原因分析及故障排除步骤如表 7-14 所示。

表 7-14 无法打开工具包原因分析及故障排除步骤

现象细分	可能原因	故障排除步骤
工具包无法打开	版本不同	可根据工具包的版本选用相应的 LabVIEW 版本

7.3.4 现象 4:无法下载程序

无法下载程序原因分析及故障排除步骤如表 7-15 所示。

表 7-15 无法下载程序原因分析及故障排除步骤

现象细分	可能原因	故障排除步骤
无法通过 USB 线下载	项目中的有线地址没有对应	(1) 打开项目工程查看 MyRIO IP 地址是否为 172.22.11.2,若不是,则需右键单击 MyRIO,选择"属性"进行修改,然后单击"确定"按钮 (2) 右键单击 MyRIO,选择"连接",连接成功即可
	程序错误	确认程序能正常下载无报错,有错误需先排除错误才能下载
无法通过 WiFi 下载	无线网络没有配置	(1) 打开 NI MAX,选择已连接的 MyRIO,打开网络设置 (2) 设置"配置 IPv4 地址"为仅 DHCP,见图 7-1 (3) 单击"保存"
	无线网络没有连接	(1) 连接配置完成的无线网络 (2) MyRIO 的第二个指示灯连续闪烁,说明连接成功
	项目中的无线地址没有对应	(1) 打开项目工程查看 MyRIO IP 地址是否为 172.16.0.1 或 5G IP,若不是,则需右键单击 MyRIO,选择"属性"进行修改,然后单击"确定" (2) 右键单击 MyRIO,选择"连接",连接成功即可 (3) 在极少数情况下 MyRIO 的无线 IP 地址不是 172.16.0.1 或 5G IP,如果完成前两步仍不能排除故障,需打开 NI MAX 确认 MyRIO 的无线 IP 地址
	程序错误	确认程序能正常下载无报错,有错误需先排除错误才能下载

续表

现象细分	可能原因	故障排除步骤
5G WiFi 连接不上	WiFi 连接异常	检查 WiFi 的连接情况；重新连接
	电池没电	检查电池电量；更换电池
	计算机网卡驱动版本不合适	更新计算机上的网卡驱动版本
	网线损坏	更换网线

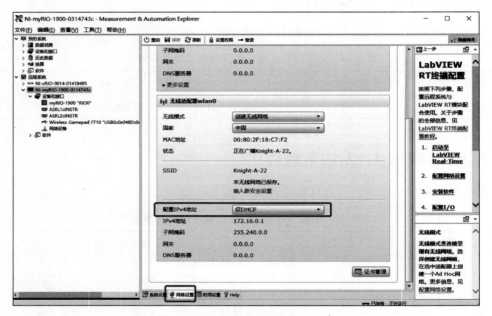

图 7-1　配置 IPv4 地址为仅 DHCP

7.3.5　现象 5：程序运行后无法控制机器人

程序运行后无法控制机器人原因分析及故障排除步骤如表 7-16 所示。

表 7-16　程序运行后无法控制机器人原因分析及故障排除步骤

现象细分	可能原因	故障排除步骤
机器人不动	程序无序列号	检查程序有无缺少序列号的报错，若有需联系技术人员

7.3.6　现象 6：机器人舵机抽搐

机器人打开电源后，舵机一时伸长，一时收缩，呈"抽搐"状原因分析及故障排除步骤如表 7-17 所示。

表 7-17　机器人上电后抽搐原因分析及故障排除步骤

现象细分	可能原因	故障排除步骤
机器人抽搐	电池没电	检查电池电量；更换电池

AWG线规对照表

AWG	外　径		截面积	电阻值	AWG	外　径		截面积	电阻值
	mm	inch	/mm²	/(Ω·km⁻¹)		mm	inch	/mm²	/(Ω·km⁻¹)
4/0	11.68	0.46	107.22	0.17	22	0.643	0.0253	0.3247	54.3
3/0	10.40	0.4096	85.01	0.21	23	0.574	0.0226	0.2588	48.5
2/0	9.27	0.3648	67.43	0.26	24	0.511	0.0201	0.2047	89.4
1/0	8.25	0.3249	53.49	0.33	25	0.44	0.0179	0.1624	79.6
1	7.35	0.2893	42.41	0.42	26	0.404	0.0159	0.1281	143
2	6.54	0.2576	33.62	0.53	27	0.361	0.0142	0.1021	128
3	5.83	0.2294	26.67	0.66	28	0.32	0.0126	0.0804	227
4	5.19	0.2043	21.15	0.84	29	0.287	0.0113	0.0647	289
5	4.62	0.1819	16.77	1.06	30	0.254	0.0100	0.0507	361
6	4.11	0.1620	13.30	1.33	31	0.226	0.0089	0.0401	321
7	3.67	0.1443	10.55	1.68	32	0.203	0.0080	0.0316	583
8	3.26	0.1285	8.37	2.11	33	0.18	0.0071	0.0255	944
9	2.91	0.1144	6.63	2.67	34	0.16	0.0063	0.0201	956
10	2.59	0.1019	5.26	3.36	35	0.142	0.0056	0.0169	1200
11	2.30	0.0907	4.17	4.24	36	0.127	0.0050	0.0127	1530
12	2.05	0.0808	3.332	5.31	37	0.114	0.0045	0.0098	1377
13	1.82	0.0720	2.627	6.69	38	0.102	0.0040	0.0081	2400
14	1.63	0.0641	2.075	8.45	39	0.089	0.0035	0.0062	2100
15	1.45	0.0571	1.646	10.6	40	0.079	0.0031	0.0049	4080
16	1.29	0.0508	1.318	13.5	41	0.071	0.0028	0.0040	3685
17	1.15	0.0453	1.026	16.3	42	0.064	0.0025	0.0032	6300
18	1.02	0.0403	0.8107	21.4	43	0.056	0.0022	0.0025	5544
19	0.912	0.0359	0.5667	26.9	44	0.051	0.0020	0.0020	9180
20	0.813	0.0320	0.5189	33.9	45	0.046	0.0018	0.0016	10200
21	0.724	0.0285	0.4116	42.7	46	0.041	0.0016	0.0013	16300

附 录 B

标签对应表

线材实物	名称(线)	接口 A	标签 A	接口 B	标签 B	长度/cm
	底盘电机 1 电源线	—	—	E1006 红	M1＋	33
		—		E1006 黑	M1－	
	底盘电机 2 电源线	—	—	E1006 红	M2＋	33
		—		E1006 黑	M2－	
	底盘电机 3 电源线	—	—	E1006 红	M3＋	38
		—		E1006 黑	M3－	
	升降电机 4 电源线	—	—	E1006 红	M6＋	40
		—		E1006 黑	M6－	
	底盘电机 1 编码线	4PXH2.54 接头	ENC1(热缩管)	4P 2.54 杜邦头	ENC1(贴纸)	25
	底盘电机 2 编码线	4PXH2.54 接头	ENC2(热缩管)	4P 2.54 杜邦头	ENC2(贴纸)	25
	底盘电机 3 编码线	4PXH2.54 接头	ENC3(热缩管)	4P 2.54 杜邦头	ENC3(贴纸)	32
	升降电机 4 编码线	4PXH2.54 接头	ENC4(热缩管)	4P 2.54 杜邦头	ENC4(贴纸)	35
	电池电源线	2P 大田宫接头	PWE_IN	6.3 插簧	PWE_IN	100
			GND	E1006 黑	GND	80

线材实物	名称(线)	接口 A	标签 A	接口 B	标签 B	长度/cm
	MyRIO 电源线	E1006 红	B-HUB_12V	DC 电源插头 5.5-2.1	—	52
		E1006 黑	GND		—	
	开关1	6.3 插簧	PWE_IN	2.8 插簧	C	8
	5G 电源线	E1006 红	Radio_12V	DC 电源插头 5.5-2.1	—	52
		E1006 黑	GND		—	
	开关2	E1006 红	POWER2+	6.3 插簧	KEY2	13
	急停开关	E1006 红	POWER1+	2.8 插簧	NC	20
	34P A 口灰排线	34P 牛角插公	A(贴纸)	34P 牛角插公	A(贴纸)	61
	34P B 口灰排线	34P 牛角插母	B(贴纸)	34P 牛角插母	B(贴纸)	52
	785 舵机线	3P 杜邦连接头	—	3P 2.54 杜邦头	SE2(贴纸)	78
	485 舵机线	3P 杜邦连接头	—	3P 2.54 杜邦头	SE0(贴纸)	97
	1425 舵机线	3P 杜邦连接头	—	3P 2.54 杜邦头	SE1(贴纸)	
	前红外测距传感器连接线	3P PH 2.0 接头	B_IR0(贴纸)	3P 2.54 带锁杜邦头	B_IR0(贴纸)	45
	右红外测距传感器连接线	3P PH 2.0 接头	B_IR1(贴纸)	3P 2.54 带锁杜邦头	B_IR1(贴纸)	15
	超声波测距传感器连接线 1	3P 2.54 杜邦头	PING1(贴纸)	3P 2.54 杜邦头	PING1(贴纸)	43
	超声波测距传感器连接线 2	3P 2.54 杜邦头	PING2(贴纸)	3P 2.54 杜邦头	PING2(贴纸)	48
	绿色指示灯	E0506 红	Green_LED	2.8 插簧	Green_LED	20
		E0506 黑	GND	2.8 插簧	GND	

线材实物	名称(线)	接口 A	标签 A	接口 B	标签 B	长度/cm
	急停灯	2.8 插簧	LEDR	2.8 插簧	NO	8
		2.8 插簧	LEDR	E0506 黑	GND	21
	红色指示灯	E0506 红	Red_LED	2.8 插簧	Red_LED	20
		E0506 黑	GND	2.8 插簧	GND	
	QTI	3P 2.54 杜邦头	A_LSB(贴纸)	3P 2.54 杜邦头	A_LSB(贴纸)	34
	陀螺仪 12C	4P 杜邦头	A_NAVX	4P 杜邦头/2P 杜邦头	A_NAVX	15(5V,19)
	网线	水晶头	—	水晶头	—	20
	驱动板 5V 电源线	E1006 红	B_MD5V	冷压端子	5V	20S
		E1006 黑	GND	冷压端子	GND	
	限位线	2.8 插簧	5V	2.8 插簧	—	35
			LSI		—	70
	电动按钮线	2.8 插簧	5V	冷压端子	5V	35
			bottom		bottom	
			GND		GND	
			function		function	

线材实物	名称(线)	接口 A	标签 A	接口 B	标签 B	长度/cm
	驱动板 12V 电源线	冷压端子	AMD_12V	冷压端子	BMD_12V	25
			GND		GND	

注:"—"代表按实际情况决定,缺的、漏的标签可在空白热缩管或贴纸上用油性笔手写补充。

参 考 文 献

[1] 邓三鹏,岳刚,权利红,等.移动机器人技术应用[M].北京:机械工业出版社,2018.

[2] 梁红卫,张富建.电工理论与实操(上岗证指导)[M].北京:清华大学出版社,2018.

[3] 彭爱泉,宋麒麟.移动机器人技术与应用[M].北京:机械工业出版社,2020.

[4] 陈孟元.移动机器人SLAM目标跟踪及路径规划[M].北京:北京航空航天大学出版社,2018.

[5] 陈白帆,宋德臻.移动机器人[M].北京:清华大学出版社,2021.

[6] 陈海初,谢小辉,熊根良.ARM嵌入式技术及移动机器人应用开发[M].北京:清华大学出版社,2019.

[7] 王耀南,彭金柱,卢笑,等.移动作业机器人感知、规划与控制[M].北京:国防工业出版社,2020.

[8] 阿朗佐·凯利.移动机器人学:数学基础、模型构建及实现方法[M].王巍,崔维娜,译.北京:机械工业出版社,2020.

[9] 张明文,王璐欢,苏衍宇,等.智能移动机器人技术应用初级教程[M].哈尔滨:哈尔滨工业大学出版社,2020.